U0615181

幸　　福　　书

感悟幸福的**150**个哲学段子

蒙田　等著
鲁毅　编译

中国华侨出版社

图书在版编目(CIP)数据

幸福书:感悟幸福的 150 个哲学段子 / (法)蒙田(Montaigne,M.E.) 等著;鲁毅编译.—北京:中国华侨出版社,2012.7(2015.7 重印)

ISBN 978-7-5113-2671-3-01

Ⅰ.①幸… Ⅱ.①蒙… ②鲁… Ⅲ.①幸福–通俗读物 Ⅳ.①B82-49

中国版本图书馆 CIP 数据核字(2012)第 159276 号

幸福书:感悟幸福的 150 个哲学段子

著　　者 /	(法)蒙田　等
编　　译 /	鲁　毅
责任编辑 /	付艳杰
责任校对 /	王京燕
经　　销 /	新华书店
开　　本 /	787×1092 毫米　1/16 开　印张/17　字数/245 千字
印　　刷 /	北京建泰印刷有限公司
版　　次 /	2012 年 8 月第 1 版　2015 年 7 月第 2 次印刷
书　　号 /	ISBN 978-7-5113-2671-3-01
定　　价 /	30.80 元

中国华侨出版社　北京市朝阳区静安里 26 号通成达大厦 3 层　邮编:100028

法律顾问:陈鹰律师事务所

编辑部:(010)64443056　　64443979

发行部:(010)64443051　　传真:(010)64439708

网址:www.oveaschin.com

E-mail:oveaschin@sina.com

序
物质的富足与幸福的困惑

关于幸福，人们都有很多种看法，有人认为幸福来得很容易，有的人则一辈子都在苦苦追寻自己的幸福。幸福究竟是什么，很多人都在不断地询问这个问题，或许一辈子都没有一个确定的答案，因为幸福的定义实在很难把握，很难确定。它可以是一种个体的独特体验，也可以说是一种集体的模板概念。那么到底真正的幸福是什么呢?

哲学领域对于幸福的研究由来已久，毕竟这是一个跟所有人都有关联，但是又难以解决的问题。于是，哲学把自己的理论上升到一定的高度对幸福做一个详细地解剖，以便发现它的实质是什么。

物质的丰富，必然可以带来幸福吗?反观现实，就可以知道，真正的物质生活富足之人也不尽然都是自我感觉幸福的人，不少人也还在追赶幸福的道路上苦苦奔波，这样看的话，物质似乎和幸福之间并不存在必然的关系。那么它们之间是否有关联呢?这就要从幸福感说起了。人的欲望是无限的，无论是对物质还是对精神，他们中的大多数人都很难满足，有了一千就想有一万，有了一万就想要有一百万。幸福何尝不是如此。他们可能有了温馨的家庭，健康的体魄，还有优越的薪酬，但仍旧不满足，看到他人拥有的自己所没有的幸福时，他们仍然希望自己也可以和那些人一样，于是幸福的感觉就在欲望的指引下不断地膨胀，试问一下，所有的幸福是人人都需要的吗?冗余的幸福不但不会给人幸福的感受，还会给人带来沉重的负担。有时候人需要的不那么多，不过是自己要求自己要那么多罢了。多，不一定是幸福，不论什么都是如此。幸福是自己感觉适当的美妙感受。

与物质相关的一切幸福，包括我们前面提到过的所有有关幸福的观念都是生活当中的，都是具体到一个个生活细节的幸福，诸如享受美妙的食物，喝到味道醇厚的美酒，身体健康，或是获得心仪的礼物等。这些具体而微的幸福组合在一起就构成了哲学上所说的幸福。哲学层面上的幸福是个抽象的概念，这是来自心灵的，它是心灵通过众多生活经验总结出来的心灵上的快感。

　　如果说生活中具体的幸福和物质没有直接联系的话，那么哲学上说的幸福和物质有什么关系呢？是不是物质越富足，心灵所能感受到的幸福感就越强烈呢？先前有不少哲人在对人的本性的研究方面颇有建树，也在幸福感方面有很多探讨。大致来看，幸福感作为一种恒定的，人们永恒的感受，和物质的富足与否的关系没有太多的关系。幸福感可以是来自宗教信仰的，可以是来自对生命的永恒的信仰的，可以是来自对死亡的无所畏惧，可以是来自对生命的淡然，也可以是来自对世间万物的关切。一个身体健康，且心智成熟的人必然是幸福感十足的，这幸福感不是来自于具体的哪个事件，那是一种集体的概念，是一种对自己所经历的一切的总结。

　　关于哲学层面的幸福感，本书会具体就哲学家关于心灵的分析和指导，从各个不同的角度对幸福进行剖析，主要选取了八位历史上著名的哲学家，从他们的哲学论著中提炼出关于幸福的看法，不论是宗教，个人体验，知识的富足，个人德行，道德等方向去寻求幸福的答案，或许可以从先人的智慧当中找到我们所需要的。本书的主要内容还是着眼于哲学家们的理论观点，有些先哲的观点读起来还有些艰涩，若水平有限在翻译当中难免有不当之处，还希望读者提出指正批评。

目 录
Contents

第一章 蒙田
——幸福意味着自我满足

第二章　佛朗西斯·培根
——让人生幸福的经验

第三章　笛卡尔
——永恒的幸福只能从对知识的 渴求和掌握中获得

第四章 斯宾诺莎
——幸福是德性自身

第五章 伏尔泰
——是不幸造就了幸福

第六章 亚当·斯密
——和幸福在一起

第七章　康德
——道德与幸福的协调

第八章　叔本华
——幸福的两大敌人是痛苦和无聊

第 一 章

蒙 田

——幸福意味着自我满足

001　免不了的悲哀

　　我是那个最能免除这种情感的人。我不爱它,轻视它,虽然大多数人对它都另眼相待,且对这种态度毫无疑义。它被人们作为一种奇怪而愚蠢的装饰,附加在智慧、道德和良心的身上!意大利人对它的称呼准确得多,他们称它为"恶意",只因为它的品质总是显现出有害和愚笨。他是苦行派哲学视为卑下和怯懦的情感,并不允许它的哲人怀有类似的情感。不过据记载,埃及王皮山民尼图在被波斯王干辟色打败被俘虏后,他看到自己的女儿身着婢女的衣服在汲水,他所有的朋友都在不断大声哀嚎,他仍然双目盯着地上不吭一声。即便是亲眼目睹自己的儿子被推上断头台,他仍旧保持这般态度。然而,他一看见自己的奴仆被驱逐出俘虏群时,他立刻乱敲自己的头,表现出十分悲痛。另外还有一个王子的故事也和他的故事相类似。这个王子从达兰特那里获得了长兄去世的噩耗,而这位长兄是他们全家的依靠也是全家的荣耀,随后他那被认为是全家第二希望的弟弟的死讯也传来,两次噩耗传来时,他都显得十分淡定。可是,几天后一个仆人去世的消息传来时,他却抑制不住自己的情绪,放声大哭,这么一来,很多人都认为是这最后的噩耗震动了他内心的痛处。事实上是,已经被悲哀填满的人,哪怕是那么一点点的增量就会让他冲破自己可控的极限。

　　上面的这个道理,同样适用于上一个故事。第一个故事的后半段是,据说干辟色问皮山民尼图为什么对自己亲生儿女的生死无动于衷,却在朋友碰到灾难时反应强烈时,皮山民尼图回答道,亲生儿女的噩耗传来时,是超出表现力量以上的,可只有当获知最后一个消息时,忧伤才化作眼泪发泄出来。说到这个道理让我想起,一个古代画家在画依菲芝妮牺牲的时候,他要根据在座的人与这无罪的美女之间的关系深浅来确定不同的反应,不同的哀痛感受。当画到死者的父亲时,画家只得把他画成双手掩面,此时似乎什么神态都无法清晰地表达一个父亲心中的痛苦,因为画家明白在艺术上已经找不到更好的表现手法了。同样地,那位相继失去七儿七女的母亲妮婀贝,在诗人们的想象中,她化作了顽石。她因悲伤而凝结了,这大致是用来描述我们在超出本人承受极限的打击之后,感觉失去了一切的绝望的情绪。确实,当痛苦到了极致,我们的灵魂就会因此不知所措,行动也会因此受到阻碍。当我们突然接受到一个噩耗时,必然是感到全身瘫软,行动受阻,最后我们的灵魂也会在痛哭流涕中感到某种释放的轻松和自在,就好似把自己的情绪一下子从悲痛中冲出一条路全然排解掉。

在卜特福尔定南王与匈牙利王的遗孀交战之际,一次一个骑士的尸体从战场上抬了下来,被经过的德国拉衣思厄将军看到。这骑士在战场上骁勇善战,这是大家都有目共睹的,为此将军也和在场的人一样为他感到惋惜。可当大家脱掉了骑士身上的盔甲想要辨认出他的时候,将军才发现这骑士竟然是自己的亲生儿子。周围的人都因此而哭声震天,只有他一声不吭地独自站着,双眼紧紧地盯着尸首,最后他的血液仿佛已经被极度的悲伤冰冻,他僵死在了地上。火的热度如果能被量化形容的话,那么这火势必微弱。一种超出承受极限的热情,对于恋爱中的人们而言,常常用来描写梨司比:爱情勾走了我的灵魂,所以我遇见了你,于是我惊慌失措,语无伦次。这一刻我感觉舌头麻痹,有一团火燃烧全身。我的耳朵听不见,我的眼睛也看不见。而且,在被过度燃烧而灼热的热情当中,我们的悲伤和快乐也抒发不了,灵魂已经被深沉的思想给禁锢了,身体也让爱情弄得颓废和憔悴。因此有时候,那突然袭击情侣们的无缘故的晕眩,会伙同那极端的热烈和至极的享受,一起渗入他们的肌肤。

002 控制自己的哀伤

　　平凡的情感,总显得那么耐人寻味。所谓的小哀喃喃,大哀默默的效力也会和意外的惊喜有一定的关系。缓缓走进特洛哀人群中,她瞥见了我,看到了我的温暖在离她而去,她呆呆地站立在那里,随后昏倒在地上,过了许久才吐出一点声音。除了那个因为喜出望外,因为看见自己的儿子从甘纳路上回来而死的罗马妇人,除了乐极生悲而死的梭福奇勒及暴君德尼士,除了在哥尔斯岛的达尔华念着罗马参议院赐予他的荣爵喜讯而死去的之外,这个世纪还有教皇里雍第三,他在获知他日夜守望的米兰城被攻破时,欣喜若狂以致发烧而丧命。假设需要一个尊贵的榜样来证明人类的愚蠢的话,那么哲学家狄阿多旦在古人的记载中就是个典型。他在自己的学院里,因为羞耻而发狂,最终死去,原因很简单,就因为无法解答对手提出的难题。我很少受制于这么浓烈的情感,生来感受力就愚钝的我,一天天这种愚钝积淀起来就成了理性。

003　给灵魂一个情感的支撑

　　我家附近有一位患风湿症的老先生。医生劝他戒掉咸肉,但他很幽默地回应医生,说只要是他痛苦到了极点的时候,就必须有个东西作为寄托,于是他就会大声地呼喊咒骂香肠、火腿或是酱牛舌之类的,顿时人就感觉舒服多了。事实上,每每我们举手想要击中某个目标却没有击中的时候,时常会有一种落寞的疼痛感。如果要让我们的视觉舒畅,我们就有必要在一定的距离内求助于某个对象去支撑我们的投掷物,免得它被大风吹散了,这就像是缺少了森林的阻挡,狂风的威力只会在空气中消失掉。同理,灵魂飘飘荡荡,如果缺少支撑,就会消失于自身,我们要常常给它提供可以用于瞄准和用力的对象。

　　蒲鲁达尔克在谈及那些痴迷猴子或小狗的人时,他提到的原因是我们天性中爱恋的那个部分。如果我们的情感没有正当的对象可以寄托时,那么我们就会为自己伪造一个低贱的假想对象,而不愿意无所寄托。我们那热情如火的灵魂,宁愿在一个虚幻的假想对象空间里自欺欺人,也不愿从此无所事事,虽然它明明知道一切都不可靠。相同地,兽类在发怒时,常常会去攻击那些伤害过它们的石头或是利器,它们用自己的利牙来发泄自己的痛苦和不满。像是班哪尼的熊,一旦里比尔人的飞镖射中它们时,受伤的它们就会变得更加凶猛。它会不断气愤地把怨气发泄在射中它的利器上。

5

苦难中的我们把所有东西都想遍了,也埋怨过一切东西,无论是对是错,都会成为我们宣泄情绪的地方。你发怒时扯过的金色头发,捶打的雪白胸膛,它们都不是让你哥哥饮弹身亡的理由,去找别的地方发泄你的愤怒吧。里微告诉过我们,罗马军队在西班牙失去两个兄弟时,"他们一阵痛苦,乱打他们的头颅"。这是个很正常的现象。哲学家比翁也曾经用滑稽的语言讥讽过因为烦恼而扯自己头发的过往:"这厮是否以为秃头就可以减轻他的痛苦吗?"谁没见过有人为了发泄输钱的愤怒,而把纸牌嚼碎,或者是把一盒骰子吞进肚子里的事儿呢?色尔色斯鞭挞希腊斯蓬的海水,把铁链扔进水里,用尽侮辱去诅咒它,甚至还给亚多士山写去了一封挑战书。西路为了报复他自己渡根都斯河受到的惊吓,于是命令全军驻扎数月。还有卡里古拉毁坏了整间豪宅,只是因为他的母亲曾经扣留在那。

004 闲逸的自我

假设我们所看见的是一片广阔肥沃的土地,那它一定有野草杂生在其中。如果想要好好利用这块土地,首先必须清楚除草,再播下好的种子。这就好比是我们所见到的女人,她们一旦被放纵,就会变成毫无生机的肉体,所以一定要施以良种,然后才会得到好的子嗣。心灵也不例外,如果一直都没有很好地将它约束或是把持住的话,一直都缺乏固定的见解去占据它的话,它必然会漫无目的地随波逐流,陷入幻想的空旷境地当中。那时的它就如同铜瓶里的颤动着的水光,映着太阳或是月亮的影像,四处飘荡,在长空与天花板之间游荡。它们会在游荡中虚构出无数的妖魔,在病者的噩梦上空盘旋。倘若失去确定的目标,灵魂就失去自我。俗话说,无所不在等于无所在,四处为家的人无处有家。最近,我隐居在家中,尽可能地不去管周围发生了什么事,只想悠闲地度过这短暂的一生。像我这样的心灵已经没有更多的恩惠,那索性就让它安居在自己之中,让它在悠闲的生活中去善待自己不是很好。我希望它可以一直都这样不受羁绊地坚持下去,因为它在一步步地变强,变成熟。可是,在我看来,太过安逸会让心灵飘忽不定,而另一方面呢?就和脱缰的马一样,它总是会幻想自己跑得比别人快得多,于是就有无数的妖魔和怪物,不分先后,毫无目的地冲着它接踵而来。我已经开始把它们一个个记录下来,为了能够思考和体会它们的荒诞,希望将来也可以用这些去羞辱它。

005　抛开纷纷扰扰才是真隐逸

让我们暂时不去考虑那关于孤独生活和活动的详细内容。掩盖自己的贪婪和野心,最好听的一句话莫过于:"我们生来是为了大众而不是为了自己。"就让我们勇敢地去问问那些陷进了漩涡里的人们,他们定会深刻地反省自己对于职务和其他纷纷扰扰的诉求是不是在假公济私。当前有不少人,总是用一些不良的方法,打着上进的旗号去告诉我们那目的一点价值都没有。我们被要求回答野心是我们热衷于孤僻的源头，因为没有什么比野心更需要躲开人群的吧？也没有什么会比它更需要独自寻找活动的余地的吧？不论什么时间什么地点，做坏事的时机时时都在，只不过假使比雅说的"险恶成了主流"，或者是《传道书》里说的"一千人中很难有一个善良的"，这些话都是对的话，那就是说善良的人少，是吗？充其量就仿佛尼罗河的出口或是梯比的城门——与群众接触是郁文纳尔最危险的。我们不能向恶人学习便去憎恨那些个善人。这两个都很危险，恶人的数量占优，那么模仿他们的人也就多，和那些因为不喜欢而分出来的类别一起占了大多数。航海的商人很注意与之同行的人是否淫佚顽劣，如果这种人存在的话，商人们就会将其视作不祥之人，这做法确实不错。因此，比雅幽默诙谐地对与他一同在大风中向神明求救的人说："闭嘴，别让他们知道我和你在一起。"

还有另外一个雄辩的例子：代表葡萄牙王埃曼奴尔驻印度的总督亚尔卜克克，在船要沉下去的时候，把一个幼儿扛在了自己的肩上。这么做单纯就是因为，他们的命运是联系在一起的，幼儿的神佑将作为他对于神的保证，便从此令他转危为安。哲人不是不能随遇而安，很多时候在人群中他们还是孤独的。只不过在可以选择的情况下，他就会说，哪怕是他的影子都不要看。不得已时，他会独自承受前者，如果他可以自己做主的话，势必他会选择后者。在他看来，他不会认为自己已经完全没有恶，如果他还需要与他人的恶做斗争的话。夏龙达认为的对坏人的惩罚，就是认定经常与坏人来往的人为恶。世上没有什么能比人更善于交际，也没有什么能比人更不善于交际，前半句是因为人的恶，后半句是因为人的天性。我觉得，安提斯典对那些常常责备他与小人交好的人的回应并不完美。当他说"医生需要常常往来于病人中间"，倘若他们真想帮助病人恢复健康，就必须要冒着被疾病传染甚至是有损个人健康的风险。现在，我相信所有隐逸的目的都是一样的,不过是为了更舒适更安逸地生活罢了。可是,我们并不是每次都能找到合适的方法。很多时候,我们都认为自己已经放下了琐碎的事物,实际上不过是换汤不换药而已。治家不比治国的烦恼少多少,只要心中有所牵挂,就会全身心地投入,固然家务不如国事重要,但处理起来绝不比治国轻松多少。何况,虽然我们已经远离朝市,但生命中最主要的烦恼对谁来说都是始终没有摆脱。

006　隐逸的幸福在于与心相伴

内心的平静是由于理性与智慧,和汪洋大海的宽广无关。我们四处迁徙,贪婪、野心、恐惧、踌躇和淫佚并不因此而稍稍远离我们,在骑士背后坐着的是忧愁的影子,以至于它们可以一路追随着我们直到哲学院和修道院。一路上沙漠、岩石、绝食等等都无法让我们摆脱它们,它们的肋下带着致命的利器。苏格拉底听说过某人经历过旅行却丝毫不见长进的事情,他答道:"这很稀奇吗?他带着自己一块走。"在别的太阳下,我们还有什么要求?谁可以放下一切,放逐自己?要是我们放不下自己灵魂的重担,行动的时候它的重量就随之增加,这就仿佛船靠岸的时候,船上所承载的货物看起来就不至于那么的壅塞,或者是给重病之人调整床位有百害而无一利。恶会随着行动的摇摆而沉到囊底,像一根越摇反而越牢固的木桩。因此,光是远离众生是远远不够的,只是挪挪地方是不治本的,最重要的还是要摒弃一切杂念,把那些世俗的恶习彻底清除出我们的心灵,从而恢复自主。你说:"我的桎梏已经被我打破!"不错!想想亡命之犬,就算是咬掉了脖子上的铁链,可颈后还牢牢地挂着圈。我们自己带走自己的桎梏,算不上是绝对的自由,因为我们还会回头去顾留在后面的东西,我们的脑袋还是依旧被充塞着。只要是内心宁静,还有什么险不敢去冒?脑子里还会有什么冲突在捣乱?任何的焦虑和恐惧都不会让我们感到无比的煎熬,还有奢侈、骄傲、愤怒以及贪婪、懒惰和卑鄙,它们又怎么可能去践踏和蹂躏我们呢?扎根在灵魂中的疾病使得我们的灵魂无法纯净洁白。该如何去逃避灵魂中的疾病呢?我们要把自己的灵魂带在身边,这就是所谓的隐逸,让自己的灵魂隐居在自己的身体里面。

007 要懂得离开

在城市和宫廷之中,要享受就必须要离开,因为离开才意味着如意。既然我们选择了隐逸的生活方式,息交绝游是必然要做的,要割裂同他人之间的联系和牵绊吧,靠自己的力量来满足我们自己吧,就让自己去克服自己,真正实现独自活着并快乐的活着。司梯尔彭从他所在的被烧毁的城里逃出来,没了财产,丢了妻子。狄密提犁·波里阿尔舌特见到他站在废墟上,面不改色,就问他损失了多少。他回答道:"没什么损失,自己的所有东西都还在!"这是哲学家安提思典的想法。他诙谐幽默地说道:"人是需要带着足够支撑他浮在水面上的粮食,这是为了沉船的时候可以靠自己来救人。"是啊,明智的人一辈子都不会失去什么东西,只要他自己还在。野蛮人毁掉了娜拉城以后,当地的主教保连奴司不但失去了原本的一切,还沦为了俘虏。那些使他善良的,精神上富足的财富还是毫发无伤的。这个故事就说明了,要学会善于去挑选出那些藏在其他人难以企及,只有自己可以发现的地方的宝物,它们才是真正的可以免于劫难的宝物。

如果可以的话,我们应该拥有财产、妻子,特别是要拥有健康。不过,别过分地去依赖它们,就仿佛我们的幸福全要仰仗它们一般。我们要给自己留条后路,属于自由的,属于我们自己的。在那里,我们可以自己建立属于自己的自由,更主要的是要孤寂和退隐。在那里,平常我们和自己交谈,秘密地交谈,一点点他人所知道的或是泄露出去的事情都不存在。在那里,谈笑间,就仿佛我们不曾拥有过产业、妻子和仆从。这样一来,即便是我们失去了这些,无法再去依赖它们了,也不会让我们觉得有些突兀。有一颗能够与自己相伴,环绕在自己身边的心,还有着攻守与予取的器械的灵魂,有了它们我们就不必去担心隐逸着的我们会因为无聊闲散而淹没自我。要在孤寂中找寻自我。安提思典说:"自足于己:那意味着无规律、无语言、无效果。"日常我们的行为没有哪一个跟我们没有关系。你眼前这些个残缺的,且已经疯狂到失去自我,冒着枪林弹雨的人,还有那个伤痕累累,已经饿到面色暗淡无光,就算死也不给他们开门的人,你觉得他们都是在为自己吗?为了一个,也许吧。他们对命运毫不关心,只是成日浸淫在贪图享乐当中的人。除此以外,还有那个眼泪鼻涕横流,显得十分肮脏,半夜还从书房出来的人,你以为他是要在书里找到让他自己更善良、聪慧或是快乐的办法吗?一定不是,他不是死在那,就是去教后代怎么读蒲鲁特的一句诗或是教会他们怎么读准一个拉丁字而已,谁不会心甘情愿地用光荣和名誉来换取安

11

宁、健康和生命，更别说是用这最空虚、无用和虚伪的货币了。要是我们还不够惧怕死亡的话，我们还会为妻子和奴仆的死而发愁。假如我们自己的事情还不够烦扰我们自己的话，我们还会为朋友和邻居的事情而发愁。天哪！怎么有人会爱他人比爱自己还殷勤的呢？

在我看来，依据达列司的榜样，隐逸最是适宜那些已经把生命中最有活力，最强壮的时期贡献给世界的人。我们已经活着为他人做了太多了，至少在这短暂的人生里也应该为自己活着了。让我们自己的生活回归最初的安逸状态里吧，要知道我们已经够忙了，即使不被他物他事所牵绊，想要妥当安排自己的安逸生活都绝非一件小事。既然安排我们去迁徙，那就让我们自己好好准备收拾一下吧，拾掇一下自己的行李，准备与社会说再见，从种种纠缠我们和让我们分心的羁绊中走出来。我们必须挣脱这种种强有力的束缚，从这一刻起，我们只能为了爱自己来爱这个或是那个。这意味着其他的身外之物就算是靠近我们，也无法紧紧地依附着我们，像是必须剥一层皮甚至是要掉块肉才能拿掉的那种紧。这世界没有什么能比为自己服务来得更大的事情了。既然我们已经不知道要为世界再去贡献什么的时候，也就是我们和这个世界断绝一切来往的时候了。不能借出，也就想法不要借入。我们的力量被一点点削弱了，就让我们把它们收回集中在自己身上吧。谁要是可以排开社交只关注自己的话，就随他去吧，在这让他在对于他人而言变成累赘、无用和骚扰的衰弱状况中吧，起码他对自己来说不至于是累赘、无用和骚扰吧。就让他好好地安抚自己，宽待自己，尤其要约束自己。

008　归去

人这般尊重自己的理智和良心,就仿佛在它面前走错一步都会感觉羞耻。苏格拉底曾说道:"因为能够自重的人着实不多。""年轻人都应该受教育,成年人则勉力善行,老人们应当卸去一切军民义务,生活起居随心所欲,无需受到任何固定生活模式的制约。"人有些天性比起其他来更适宜遵守隐逸的那些原则,像是许多理解力有所欠缺,情感、意志不坚强的,而且不愿意承担过多责任的人,就好比我就是这其中的一个。和那些活泼的,总在外参与各种事情,凡事都会毛遂自荐、自告奋勇的人,由于天然的倾向和自我反省的缘故,他们总是更易于相信这方面的劝告。我们要适当地去利用周围的这些偶然的机遇,不必总是将其视为自己的生命的命脉。他们本来也不是这样的,无论是出于理性还是出于天性他们都不是自愿这样的。为什么我们非得逆理性和天性的原则,去施舍我们的快乐呢?另外还有一部分人,总是借着提防命运遭遇不测的名号,剥夺我们所拥有的既得利益(许多人在宗教热情和哲学家的理性的驱使下是会有这样的举动的),奴役自己的情感,甚至挖掉眼睛,自寻烦恼,只求用当下的苦痛去换取来世的快乐,一面堕入地狱。这些行为看起来十分痛苦,但都是他们心甘情愿的,而那些天性中倔强的部分也使得他们隐居的角落也跟着显赫起来。

在我贫困潦倒的时候,我是自己乐意去过那穷困俭朴的生活的,我可以抵挡一切世俗名利的诱惑。可是当我的生命迎来了好运时，我跟世人宣布唯一的快乐就是归乡购置田地。不用再走那么远了，我已经觉得很难了，我只愿在命运的恩宠之下，做好等待它惩罚的准备，并且在我感到舒适的时候，可以依据我想象所能及的去临摹那将来的厄运，就好比是居安思危，在和平的时候用竞技的方式来模仿战争的场面一样。我不会因为哲学家亚尔舍路施（Areesilaus）家境贫寒，用不起贵重的金银器皿，就将其视为贤德之人，甚至更高，只因为他慷慨且恰当地使用了这些，而不是一味地摈弃。我很清楚我们自然的需求可以扩大多少倍。当我看见自己门外的乞丐生活比自己更快乐更轻松的时候，我会设身处地去考虑，以他的角度去装扮我自己的灵魂。当然，我还和其他一些和乞丐一般穷困潦倒的人比较过，轻松地劝说自己不用害怕自己的境遇跌落到和他们一样。我根本不相信理解力差的人会比理解力强的人更能干，或者是因为运气的因素使他们达到相同的结果。我既然知道外在的运气因素是无法预料的，但总也禁不住要在最得意的时候，祈祷吧，祈求他与我一同快乐。

009 隐逸要超然于世

我看到很多虽然身体十分健康的青年，也总喜欢在衣箱里给自己准备一大堆的药品。他们相信有备无患，以备不时之需。我们也该跟他们一样那么做，而且假如认为自己可能容易患上某种严重疾病的话，就应该给自己备些容易让人昏昏欲睡的药物。为了未来的幸福生活，我们所从事的工作势必不能是容易让人感到辛苦，容易让人厌倦的，要不然隐逸就一点意义都没有了。这完全取决于每个人的兴趣爱好，例如我就不适合干农活，因为只有做事和缓的人才是真正爱好农活的人。要让自己做财产的主人，而不是沦为财产的奴隶。沙路士称呼耕种本是奴隶干的活，但不可否认，耕种当中也有一部分是很讨喜的，就比如园艺家就说过沙路士一生爱耕种，并且在那些常年淹没在辛苦农耕劳作的人身上所带有的卑微的恐惧和紧张的焦虑，以及其他不从事农耕劳动的人身上所带有的放任自由的、顽固的特质之间知道了一条中间的路径。狄墨克里屠的灵魂游荡于天际之间，他的麦田也就任由羊群肆意啃食。我们可以尝试去听听少披里尼给他的朋友哥尼奴士·鲁夫提出的关于隐逸的劝告："我劝你，你目前正在享受的隐逸生活中，请全身心地投入文艺研究，尽快把那些料理产业的琐碎事务交由仆人管理吧，这样才能专心在研究中获得你所想要的东西。"他所说的意思指的是名誉。从本质上说，诗人西塞马和他的看法基本相同。当西塞马说他将辞去一切职务专心隐居，为的是在写作上能有更大的成就时，君之学问等于零，藏之深闺谁明了？

一旦说定了要远离喧器的尘世，就应该瞩目于世外才显得比较合理。这些人的路都才走了一半。他们做好准备总有一天要离开，于是他们开始整理大大小小自己的事务。只不过因为一个很可笑的矛盾，他们总是期待在远离后的世界里采摘他们工作的成果。那些个因为虔诚地笃信宗教而走向隐逸，并在心里永远相信圣灵的期许会在来世应验的人，他们的想象显然要合理得多。痛苦和悲伤的来临本是一种利益，凭借它们能够得到永恒的快乐和健康。死亡是到达美丽的彼岸的过程，是一件可以期许的事情。逆来顺受的习惯很快就铲平他们那些苛刻的戒条。由于遭到拒绝，性欲会因此蛰伏逐渐冷淡，而只有常常思考、练习才可能时时保持它的活力。仅仅是对直到永远的幸福的渴望就足以让我们放弃所有这一刻的安逸和美好了。有谁可以始终坚持这样强烈的信念来燃烧自己的灵魂,他在自己隐居的乡村里过着美妙且快乐的一生,几乎超越了任何其他生命的方式。因此,我不满意披里尼提出的忠告的目的和方法,他永远都只是在把疟疾转换为发烧罢了。

010 要享受纯粹的快乐

啃书的生活的辛劳与其他生活一样,也会对我们的健康造成很大的影响,而健康对我们而言应该放在首位。我们要留心别让某种事务单一的快乐搞得昏昏欲睡,那些经济家、贪婪者、色鬼和野心家之所以被拖累也就是因为这种快乐。诸多哲人已经一再地劝说我们要提防嗜欲的危险,还告诉我们要去辨别什么是纯粹的快乐,什么是夹杂着更多痛苦的,看起来五彩斑斓的快乐。他们说过,我们所获得的大部分快乐拖累我们的办法,就是紧紧地依偎和拥抱着我们,那样的做法同埃及人称之为菲力达的强盗无异。倘若我们在喝醉之前就头疼的话,我们或许就不会再贪杯。可是,那些企图去欺骗我们的快乐,总是走在前头把接下来会出现的不幸和痛苦一股脑地盖住了。请远离那些一接触就会让人丧失快乐和健康的书籍吧,即便它们是那么可爱的伴侣。不少人都觉得快乐和健康很难去弥补远离书籍的损失,我也有这样的想法。正如那久病的人身体日益衰弱,完全任医生摆布自己的生活,严格遵守生活起居规定。同样地,遗世的人既然已经对一般的世俗生活感到厌倦,就索性依据理性的法则去经营自己的生活,好好思考如何安排他的隐居生活,务必要辞掉各种工作,无论它们戴着何种伪装。选择一条路,一条适合他的脾性的路,并且去避开那妨碍他身心健康的情感。挑选一条最适合自己的路吧。我们读书、狩猎,从事各种活动,为的是换来最终的快乐,一旦不留神踏进雷池,那么从那时起快乐都将变成痛苦。我们务必要保持从事一定的工作和事业,不过要注意适度,免得让自己又堕入极端的懒惰和闲散的境地。

为公共服务而设的学问中有很大部分都是相当乏味的,这些学问研究我们要让给那些致力于公共服务的人去研究。至于我自己爱做的事情,不是那些容易引起我兴趣和幻想的,就是那些可以让我感到心灵慰藉或是指导我的生命的事情。这些都可以让我仿佛置身于宁静的树林里,去追思古人贤士。有智慧的人能够使自己的灵魂获得一种安祥,原因在于他们那强有力的灵魂。而我不过只有一个极其平凡的灵魂,因此我只能求助于肉体上的舒适。年岁的增长剥夺了适合我胃口的快乐,我不得不磨炼自己的胃口去适应那些本应该与晚景相符的事物。我们需要用爪牙去扒住那些时光从我们手中掠走的快乐,今朝有酒今朝醉,到了明天,我们就将什么都不是。假设光荣是我们最终的目标,就如披里尼和西塞罗的建议,打算离开我的计划还很远。与隐逸相反的个性便是野心,而光荣和无为也是截然不同的。在我眼里,这两个人脱离群众的只有自己的手臂和大腿,而他们的意向和灵魂还是牢牢地贴在群众当中的。老态龙钟,难道你活着就是为了取悦别人的耳朵吗?他们往后退了一步,为了让自己跳得更远,可以有更强大的力量支撑自己跳到人群当中去。你们想弄明白他们是怎么差之毫厘的吗?你试着举另外两个与之观点截然相反的哲学家和他们对立。两个人的建议都是给自己的好朋友的,一个衣多明纳,另一个给的是路西里乌,目的也都相同,都是劝说他们放弃自己的名誉和地位,去过隐居的生活。"他们说你一直都在漂浮着,现在死在这港口里了吧。前半生你给了光明,剩下的部分就留给阴影吧。放弃了事业却还死死地抓住事业的结果是不可能达到的。所以,就放下所有的功名利禄。只怕是你过分炫耀过去的成就,那些都会陪你一起进棺材。而放下他人的赞赏和其他的快乐,不去想自己有多少学问和才能,它们是不会被扔掉的,只要你觉得自己的价值比它们多。"别忘了那个几乎把全部精力都放在一门仅仅只有几个人了解的艺术上的人,人们问他为什么这么做,他回答:"我要的不多,只要一个,甚至比一个更少也够了。"他说的一点没错。你和朋友,或者是跟自己,只要能够扮演好相互的角色就好了。让你眼中那么庞大的人群就成为一个人就可以了。

企图从隐逸的状态中获得功名利禄就真的是很可笑了。我们同野兽一般,把自己的爪印抹掉。真正要关心的是如何评价自己,而不是社会如何评价自己。隐逸是要归隐于自身,在那里做好准备去迎接自己。如果你自己无法治理自己,还因此信赖自己的话,那这么做就太不明智了。无论是独处还是群居都有失足的可能。"除非你已经是一个丧失了斗志和自信的人,除非自己已经是一个毫无自尊可言的人。"时时刻刻都要记住卡都、福史安和亚里士提,在他们的跟前哪怕是个疯子都不能有过错。他们会控制住你的思想,只要发现自己的思想违反常规,你就会迅速改变自己的思想,这一切都因为你对他们的崇拜而导致的,你总是希望通过改变来回到正轨上来。自我满足的路因为有了他们的帮助,你无需跟自己索取,也就无需使自己在有限的思想当中让自己心灵安定下来,让心灵在这些思想上自我愉悦了。此后,你不再需要去延长自己的生命,或是索要名誉及其他的一切,就可以感受到真正的幸福和满足。哲学是一个忠告,它从不炫耀自己,是那么的纯粹和自然。

011　人与人的友谊

当得知一位在我家工作的画家如何工作的情况之后,我下定决定要去模仿他。他总是能够挑选出最美丽的地方和每面墙的中心点,以便在那里放置一幅他精心创作的画作,他还可以用很多奇奇怪怪、荒诞的意象去填满周围的空白处。实际上,他创作了一幅满是想象的画作,这画作美就美在离奇和变化上。那么这究竟是些什么样的论文呢?除了偶然的因素之外,难道那不是一些光怪陆离的躯体,没有秩序,没有定型,没有连贯,甚至没有分寸?就仿佛是一个在梦中一样的美丽女子,却长着一条让人讨厌的鱼尾。在第二点上显然我和我家里的那位画家相差无几,但就另外的那个更好的点来说,我就有点望尘莫及了。我本身的才能是有限的,这使得我无法自己完成一幅完整的、丰富的,还得要符合艺术标准的画的创作。以至于我希望去借用爱天·特·拉·波乙斯的画,用它来填补我作品的不足,也让我的作品看起来更有艺术感一些。

那篇论文的题目是《自愿的奴役》,但有人不是很了解这一层,也曾经有人很准确地将其改称为《反独夫论》。他在写作的时候是将其作为习作去做的。他年轻的时候,曾强烈反对过暴君,还高唱自由的颂歌。这篇论文也曾在那些有识之士当中广为流传了很长一段时间。这文章本身文笔特别优美,还十分丰盈,因此获得了不少人的赞许,而这些赞扬也是这文章本身应得的。不过,这文章还不是他个人文采发挥到了最顶端的作品。在他更为成熟以后,当他和我相识之后,假如他肯定听说我的建议,记录下他的思想,现在我们就会看到更多的上等佳作,可以和古代的杰作媲美的作品。他在天赋方面,几乎是无人能及,在我看来。只可惜,他除了这论文和其他几篇因为内战成名的正月谕令的备忘录以外,这些文章已经在其他领域获得了自己该有的名誉,其他的就什么都没留下了。这些是我们在他仅有的遗物中所能找到的全部,除了我已经印刷过的那本小本作品。我对这篇文章的感情颇深,这只是因为它见证了我们最初的相识。在我还不曾认识他的很久以前,就有人向我推荐了这篇文章,从此以后他的名字就刻在我心中了,也就在无形之中为将来我们俩的友谊之路做了铺垫。我和他的这份友谊,赐予我们多长时间,我们就该珍爱它多久,这么尽善尽美的友谊,在其他的书籍里一定是很少见的,现在人们的交往中更是罕见这样的友谊。这当中需要有多少的机缘,才能有这样一份友谊的产生,三百年内有这么一次幸运就算得上是奢侈了。大自然引导我们去做的那么多事情,似乎没有一件比社交更为重要的了吧。

012 父子之间没有友谊

亚里士多德曾经说过,好的法官更看重的是正义而非友谊。而现在,美的至高点是这个了。概括地说,因为和利益和娱乐,或是公共及私人需要结合,并在其滋养下的友谊,被他们混在了其他一些原因、效果和目的当中,友谊原本的高贵和美丽就消失了,那还算得上什么友谊呢?古代人认识到的关系有四种:社交、天然、慈善和性交。无论是这其中的一个,还是几个相加在一起,都不能和友谊相提并论。儿童对父亲应该是尊敬。友谊是需要通过传达来滋润的,但是在儿童和他们的父亲之间是谈不上什么传达的。有时候还会因为彼此间的差异,与天然的义务也会发生一系列的矛盾。不但是父亲不会把自己心里所有个人的想法告诉儿子,这只是因为父亲不愿意减少与儿子之间的亲昵感,另外儿子也不能去规劝和责备父亲,而上面说到的这两种相互关系,正是友谊最为看重的要义。曾经有一些古老的国家,那里的风俗是儿子杀父亲,父亲杀儿子,这么做的目的在于避免相互妨碍。而真正的理由却在于自然法则,一方总是依靠另一方的毁灭来继续生存下去。

013　兄弟之情

我们知道,有一部分哲学家特别蔑视父子之间的天然关系,可以试想一下,人们苦苦劝说亚里士狄普士要爱他的孩子,理由是孩子是他的,那哪怕是吐痰这种小事也是从他那学来的。而另外一个人,蒲鲁达尔,有人希望劝说他和自己的兄弟冰释前嫌:"并不是因为他和你是一母同胞,所以我才劝说你更要看重他。"显然,兄弟这个词看起来是个充满了深深的爱意且特别美丽的词,正因如此,才会有不少人结拜为兄弟。但是财产的分配,贫穷与富有的区别等这些问题,都有可能在不同程度上溶解和软化兄弟之间的情感。兄弟之间如果要在同一条事业道路上,用相同的速度向未来前行的话,就免不了要彼此倾轧和碰撞。因此,真正称得上是志同道合的友谊关系都不会在天然的血亲兄弟之间产生。父子的性格可以截然相反,兄弟也是这样。即便是我的儿子,我的父亲,都可能是一个穷凶极恶的,性格乖张的或者是愚蠢的人。不仅如此,越是在道义上,或是法律上强加给我们的关系,越是缺少自由和选择。而真正的挚爱和友谊,是在自由和选择中产生的东西。我曾经在这方面有过很深刻的经历。虽然我有一个很好的父亲,他也是这个世界上我认为最为宽容的人,一直到晚年他的性格都始终如此,无论在父子关系还是兄弟情谊方面,我的家庭都算得上是一个模范家庭。

014 友谊与爱情

谁都知道我是在用对父亲的爱来对待我的兄弟,贺拉司甚至于用它来和我们对女人的情感来做比较。虽然后者的产生主要来自我们自身的选择,但实际上两者是没有可比性的,我们不能将它们俩作为同一类情感。我承认,我对那些把甘苦的快乐混进我的痛苦里的女神并不感到陌生。她们的火焰相对来说,更活泼,更猛烈,甚至是炽热。只可惜那不过是一堆浮躁而急促的火,飘忽不定,变幻不已。它容易过度,也容易复发,它们只是抓住了我的一个角落而已。而友谊的火焰是温暖的,均匀的且有节制的,那种温暖是安详而永恒的温暖,它温柔且平滑,没有任何的利刺和毒性。而在爱情里,那不过是一个被疯狂的欲望所追随的,逃避我们的东西。就仿佛是猎人去追逐那狂奔的野兔,无论什么季节,无论什么地方,他只要得手就知足了,毕竟追逐是由于逃跑而引起的。

在友谊的领域里,即在有统一意愿的群体里,那东西就会因此松弛而最终被消灭。它会被享受所摧毁,因为它唯一的目的就是肉感。相反,友谊的享受是要按照它被想念的程度的深浅来计算的。因为友谊是精神领域的事物,适当地去享受的话,就会滋养它并使得自己的灵魂因此而美丽。在一份完美的友谊当中,那些曾经转瞬即逝的感情,就在我的体内找到了它们的安身之所。更不用说他了,他已经在他自己的诗里作了十分清楚的自白。就这样,我带着这两种情感,不做比较,却总是可以彼此渗透。前者以一种骄傲、矜持的态度飞翔,坚定地从中升了上去,在高高的空中,用蔑视的眼神去俯视后者在后面缓慢地追赶。就结婚而言,它不只是一种交易,一种只有入口的自由贸易,它所涉及的交易是包含其他目的的,中间有无数需要一一解决的纠纷,这样一来就可能会活生生地断送一段情感,阻止它的进程。而相对于友谊来说,它就少了很多附带品,没有了经营和贸易,只有它本身。不仅如此,事实上,一般的女人是不能领会友谊的默契的,而这正好是维系友谊最重要的,最神圣的东西。女人们的灵魂不够坚定,所以她们总是不能忍受一个持久的舒服。如果不能这样的话,如果也能够建立起一个自由且自动的亲昵关系的话,并且在那里面,肉体可以和灵魂一样得到完全的享受,把整个人都参与进去的话,友谊就会因此变得更加的丰富和美妙起来。可惜的是,现在的女性仍旧没有意识到这一点,而且种种古典学派的见解都将她们紧紧地锁在了这一理论的门外。

谁都知道,我们的风俗所憎恶的另一种希腊式的自由,其实是正确的。虽然,依据他们的习惯,恋人们之间即便彼此不同的年龄,不同的职务,但不见得有另一种爱能比爱情更能充分调节彼此间的和谐关系,并达到完全的合体。"爱情的友谊究竟是什么?为什么我们不去爱一个丑陋的少年或者是一个风度翩翩的老者呢?"我承认,就算是大学描写过的东西我想也否定不了我。当我这么说,或是那么说,爱情是维纳斯的孩子给情人心中撒下的最初的狂热。当他看见一个少年正盛开着娇艳的花时(这朵花对于他们而言是允许一切非礼节性的无礼举动的),那只不过是一种美的屹立,免不了有些肉体上的,生殖方面的幻影在其中。如果它还没有表现出精神方面的表征,那说明它是无法建立在精神上的,尤其是在刚刚萌生的最初阶段。假如这份狂热抓住的是一颗卑鄙的心,是一颗从金钱、馈赠和荣升等等方面都受到恩宠的心,那它所采用的手段就会是类似人们所摒弃的那种垃圾一样的方式。如果它降临在了一颗高贵的心的头上,那就算是贿赂的名号也会变得高贵很多的。教授的哲学是对宗教的敬仰,是服从法律和为国献身的训条的,是勇敢、智慧和正义的榜样。

伴侣之间都希望有一门学问,用以支撑当彼此肉体美慢慢消失后,仍维持灵魂的妩媚和娇美,由此在精神上建立一个更为稳固,更为持久的情感关系。在适当的时期,当这种对学问研究的追求达成愿望时,一份建立在精神上的美,就使得被爱者获得了一种精神上的满足感。在情感世界里,精神世界的美才是最主要的,肉体美是偶然的,是次要的。可是情人之间的美总与之大相径庭,他们为了肉体的美偏执地爱着彼此,此外,他们也证实了神也因此偏爱他们。所以他们因为关于亚奇勒士和巴多克勒士两人的感情的描写,就用很粗暴的方式去咒骂埃士琪勒士,不过是让正处在青春时期,还未长出胡须的希腊最美的男子亚奇勒士身上多出了情人的那个部分。假使那些重要的,有价值的伴侣也可以履行其作为朋友的义务,并且在最为普通的友谊产生后,还能占有一定的优势,那势必有许多利于个人和公共的结果也会随之产生,这也将迫使整个国家去接受这一风习,原本妨碍自由正义的那些阻碍也将慢慢消失不见。环顾一番,就会明白哈尔谟狄乌士和亚里士多基顿两人间的爱为什么能够称之为亘古永恒的爱。只有专横的暴君和怯懦的人民才会去仇视这种爱,也许在他们的观点看来,这爱就如同一句说得冠冕堂皇的话那样:"这是一种以真挚和和谐为最终归宿的爱。"苦行学派对爱的定义也大抵如此:"爱是以获得美丽心灵为目的来吸引对方友谊的一种企图。"我还是回归了我原本关于纯洁友谊的阐述上来了。

015　真正的友谊

西塞罗曾说过:"只有年纪和性格都彼此相衬的人之间的关系才配称得上友谊。"通常我们称之为朋友的人,大概都是因为某次机缘巧合认识的,慢慢变得亲密,从而灵魂聚拢在一起的那些人。在我所阐述的友谊中,彼此的灵魂那么契合,简直可以不分彼此。假如一定要说出来我为何如此爱他的话,我只能坦白地说:"因为这是他,因为这是我。"其实,还有一种未知的,好像是命中注定的力量在指引着我们的结合,而这种力量是我所不能描述的,是我无法加以特别解释的。在我们未认识之前,我们就已经在找寻着素未谋面的彼此,只是听到了彼此的一些消息,我们就彼此拥抱过互相的名姓了。而当我们真正的第一次会面时,那是一次城市的聚会和盛宴,那时我们彼此互相钦佩,彼此相知,那么投缘,仿佛就是那一刻开始,我们

25

俩的心已经紧紧地贴在了一起。他创作了一首非常优秀的拉丁文诗,他在诗中表达了尽管我们的相遇相知是那样匆忙,但很快就达到了契合。我们相遇恨晚,相聚的时间也不多,因此,我们不能再去遵循从前那些脆弱的友谊的普通模式,而是需要更多的交谈来快速地开启友谊的窗口,毕竟我们的友谊已经不再允许浪费时间了。

　　这不是一种出于一个、两个、三个或者是更多个的角度的特殊考虑,就是一切因素的精华抓住了我的意志,驱使我怀有一颗渴望的好奇的心在我意志的作用下,甚至可以说是失去了自我,毫无保留地彼此属于彼此,我仿佛是他的什么人或是什么东西,而他也同样如此。当拉里乌士在许多罗马执政官的面前问卡衣乌士·白逻西乌士,如果他可以自由选择,他会帮格拉古士做什么。他的回答是:"一切。"拉里乌士紧接着又问:"为什么是一切呢?那么如果是让他放火烧掉我们的庙宇呢?""他是不会让我为他做这样的事情的。""假设他真的让你这么干呢?"拉里乌士继续追问。白逻西乌士回答:"那我会照做的。"如果历史上他们俩是真正的朋友的话,那白逻西乌士完全没必要用如此极端的话语去冒犯那些罗马的执政官,更不会失去对格拉古士意思的把握。可是,那些控告他的言辞太过煽动,人们不了解这其中的秘密,对其中的真实也无法预料。他似乎在力量和认识方面,都谨遵格拉古士的故训。他们的关系先是朋友,后才是国民同胞,两人关系互为友人的部分是远远超越了国家之间的敌友关系的,也就是说,他们的朋友关系是建立在野心、谋反等等之上,远远高过他们。既然两人彼此相互依赖,那彼此的意向都是可以把握的。想想看,这两个在道德引导下,在理性的牵引下交为朋友的人(事实上缺少这两者也就无法称之为朋友),在那样的情况下,白逻西乌士的回答也算是恰如其分了。要是他们没有这些行为的话,他们就不是我说的那种朋友,他们也不是彼此真正的朋友。

显然，上面故事里的那个答复比起下面我说的答复要完美得多。要是有人问我："如果你要是一种强烈的冲动要去杀你女儿，你真的这样做吗?"我回答说我会的。毕竟这不能完全说明我主观的意愿，我之所以这么做就是为了证明我对自己的意志确信不疑，对朋友的意志也无所怀疑。即便是全世界一致的观点都改变不了我对朋友意志和判断力的确认。不论他要做什么，做了什么，用了什么方式去表示它，我都不会立刻发现它。我们的灵魂彼此形影不离，互相怀抱着对对方的挚爱，深情对视，并融入彼此的内心深处，这样的话，我就会毫不怀疑地相信他。我不允许有人将他们的友谊同我们的友谊进行比较，进行评论。我和别人一样，都理解友谊，还认定自己的理解是最优秀的，这是不允许用其他的度量衡来衡量自己的友谊。如果他这么做的话，就一定会大错特错。作为一般的友谊来说，我们总是像手执马缰那样走得战战兢兢，毕竟那缰绳的绳扣并不是那么紧得无懈可击。西隆(Chilen)说过："爱他，你可能总有一天会恨他;恨他，也可能总有一天会爱上他。"对于至高至纯的友谊来说，这句话显得是那么的可耻，而放在一般的友谊上来说，却是那样的恰如其分。对于一般的友谊，我们常常会套用亚里士多德的那句老话："啊,我的朋友们,这世上并没有我的朋友啊!"

016 友谊的意义在于自我奉献

普通友谊的价值,像是周旋和恩惠之类的是都不会在高贵的友谊交往中出现的,也不会混入我们的意志当中。不论苦行派的哲人再怎么证明,我都不会认为自己的友谊是建立在自己的需求之上的,也会因为自己急需就增加友谊,更不会因此关爱自己。类似地,就算是亲密无间的朋友之间几乎是不存在所谓的义务的,也会天然地排斥类似以下这些存在着分歧的词汇,例如恩惠、义务、感激、祈求和感谢等等。对于他们来说,是事实上一切意志、思想、观念,包括财产、光荣、生命都是共有的,他们彼此的契合已经相当于两个不同的身躯里共有一个灵魂,那么依据亚里士多德的定义,他们是绝不能向对方索取什么的。这就是为什么那些个立法者,总是用一些类似神圣的结合的语言,或是其他的一些幻想来褒奖婚姻,禁止夫妇之间相互馈赠等等?这一切做法的目的就在于要借此暗示夫妇一切都是他们共有的,在他们之间没有什么东西是可以被分开来分享的。

我所提到的友谊,如果馈赠对方礼品,且被馈赠的人因此感到感激,那么这个人就应该被称作是接受馈赠的人。如果在两个人的关系中,先想到的总是如何让对方获取利益,那么提供利益的一方就是慷慨的施主了,他可以满足朋友最大的愿望。哲学家狄阿杰纳士需要帮助的时候,他说过自己不是向朋友寻求帮助,而是向朋友讨回帮助。我举个具体例子来证明这事儿吧,歌林多的欧达密达斯有两个朋友,一个是西史安尼的夏理鲜奴士,另一个是哥林多的亚勒特乌士。这两个朋友都十分富有,只有他自己很穷。在他弥留之际,他在遗书上这样写道:"我给亚勒特乌士的遗产是他必须抚养我的母亲,保证我的母亲可以安享晚年。给夏理鲜奴士的是,他必须将我女儿嫁给一个富有的绅士,并为她准备一份尽可能丰厚的嫁妆。他们俩其中若是有一人死去,剩下的那位就要替他完成任务。"这份遗书最先被看到的时候,很多人都觉得可笑不已,但就是这样的"遗产"他的两个朋友居然都欣然接受了。五天后,夏理鲜奴士也去世了,亚勒特乌士果然履行自己的诺言,替自己的朋友尽到了义务赡养欧达密达斯的母亲的义务,又拿出了他自己的全部财产,虽然只有五个"达兰",但他把一半给自己的独女置办嫁妆,剩下的一半给了朋友的女儿,还把自己的女儿和欧达密达斯的女儿的婚礼安排在了同一个良辰吉日举行。之所以挑这么个例子,就因为这个事例过于典型。完美的友谊是一切共有的,不可分割的,除了这点以外,剩下的不过就是朋友数目的问题了。每个人都必须把自己的所有都献给自己的朋友,直到无可贡献为止。他所要抱怨的只是自己没有那么多重的灵魂可以完全贡献给他的几个朋友罢了。

017 如何获得高贵的友谊

我们可以把一般的友谊区别开：为对方的美貌而爱；为对方的风流而爱；为对方的慷慨而爱；为他兄弟一般的情谊而爱；为他慈父一般的挚爱，和其他的种种而爱。这其中的任何一个都在用绝对的权力来占据整个灵魂，并统治了全部的情感，以致我无法有两面性。假设有两个朋友同时需要你的帮助，可是他们的要求却完全背道而驰，或者是其中一个拜托你对另一个很重要的事情保持沉默，那么你将如何解决呢？应该说，高尚的、全心全意投入的友谊是可以高过其他的一切义务的。纵然我已经发过誓不向他人泄漏秘密，但我可以找一个不是"他人"的人，告诉他，这么做至少可以不违背我的誓言，因为我说的不是"他人"的人是我自己。把自己一分为二的做法很奇特，能把自己一分为三的人才是真的伟大。

所有极端的事物都不可能成对出现。想象着我同时爱上两个人，且这两个人也同我爱他们一样，一样地爱着我，这样的人几乎是把这世上最难找到的一体化的东西推演成了无数个个体了。这样所产生的结果就和我所说的一样了，欧达密达斯给予朋友的恩泽和仁慈就体现在"通过自己的朋友来满足自己的需要"。他让朋友去继承他的慷慨解囊，至于继承慷慨的方法就是他从朋友那获利的方法。显然，友谊的力量已经让他的做法比在亚勒特乌士时更为丰富了。因此，没有体会过这种滋味的人是无法想象它的美妙的，为此我极为推崇一个年轻士兵在回答西路士的问题所说的话。西

第一章　蒙田

——幸福意味着自我满足

路士问这个年轻士兵是否愿意用一匹刚刚获得赛马冠军的马匹来交换一个王国。他答道:"我不愿意,先生。不过,要是我可以找到一个值得结交的朋友的话,我愿意用它换一个真心的朋友。"他说的不错,毕竟泛泛之交对谁来说都不难。而在另一种友谊关系中,我们却可以对彼此祖露心扉,把所有都向对方显露出来。那种结合的目标只有一个,而我们需要做的就是去弥补与这个唯一的目标密切相关的不足。

我的医生或律师,他们的宗教信仰我不必关心,因为这不影响我对他们去尽义务。我与我的家庭关系也同样如此。关于我的马夫的贞洁问题,也无需我操心,我只要求他做事勤勤恳恳就好。宁可用一个傻傻的驴夫,也不能用一个赌鬼;宁可用一个愚蠢的厨子,也不能用出口伤人的人,要知道傻和蠢都比不上好赌和骂人的伤害来得厉害。我只取自己所要的,不会去干涉他人的事情(尽管这样的人已经不在少数)。我做我喜欢做的事情,你也可以是。气氛融洽的,亲密的餐桌所需要的不是智慧而是娱乐。在床上的话,善良就不如美丽那么重要了。而在学术谈话当中,才能居首位,然后才是真诚,其他的依此类推。就好像一个正骑在竹竿上与小孩嬉戏的人突然被人撞见,他就会请求撞见自己的人,等他做了父亲再对此发表评论,因为在他看来,只有到了那个时候,撞见自己的人内心自发产生的情感会让他有一个更公正的裁决。同样地,我也希望听过我的话的人也有相同的想法。可是,要体会到这种不寻常的友谊实在太难,所以我不期望会有什么恰当的评价。因为拿我的感情去比的话,即便是古代作家写的关于这方面的文章也都会让我觉得乏味无聊。在这一点上,任何的哲学道理都比不上现实来得更有教育意义。理性丰富的人,是最渴望有一个知心朋友的。古代诗人米南德说过, 一个人一辈子能够遇见一个朋友的影子就算得上是幸福了。他说的太有道理了,这是经验之谈啊。

018　理解失去朋友

　　诚然，虽然在此恩惠下，我此生剩下的日子都能够安逸地度过，只不过，失去了一个如此亲密的朋友，内心有了由此带来的无限的悲痛。用不着依靠别的，我与生俱来具备的优点已经得到了充分的回馈了。可是，我只要一把现在的日子和过去的四年，有这个朋友和这份友谊陪伴的日子做比较的话，就会发觉现在的日子不过是烟雾罢了，是黑暗，是漫漫长夜。自从我失去他的那天起，就是那一天，他从此纯洁，而对我来说却是无尽的悲伤的开始。我的生命如今苟延残喘，那份友谊曾经带给我的快乐已不能安慰我，反倒给了我失去它的伤痛。从前无论做什么事情，我们都可以心灵相通，现在我已不再拥有任何的欢乐，我总认为自己霸占了他原来的地方，只有他归来再与我分享，我才有快乐。我已经准备好随时成为他的第二个自我，以至于现在的我只剩下了半个自我。唉！你是我灵魂的一部分，你都已经离去，为何我还在原地徘徊，而我的心却跟随你早已死去，就像是破碎的佛龛的残片。我不要，我要与你同一天共赴九泉。我日以继夜、夜以继日地思念他，就像他思念我那般。因为在一切德行和才能方面，他所尽到的朋友的义务远远超过了我。我为何羞于悲伤，为何不敢为一个亲如心腹的朋友的逝去而放声大哭？兄弟啊，失去你我要承受如此大的痛苦！我所有的快乐都被你的死给捣碎。我们之间的友谊所创造出的幸福，一瞬间就随你一同消失。坟墓带走了你和我的灵魂。从你离开的那天开始，我就永远地告别了艺术女神,所有关于研究和思想的快乐,还有其他和生命有关的快乐,对我来说都已经索然无味。你的声音真的从此消失了吗?我的兄弟,我的灵魂,我的生命,我难道再也见不到你了吗?我难道只能在内心深处还像从前一样爱你吗?

019　误会

还是让我们来听听这十六岁孩子的话吧。因为我发觉,这文章后来已经被一些企图改变和扰乱我们政府的人给肆意涂鸦了,他们浑身总是带着无数的恶行,于是,当他们篡改了之后,我便决定要消除他们插进文章当中的不良意图。为了避免不了解作者的人,因为文章对作者产生不必要的成见和看法。我必须告诉他们,作者在写作时还是一种练习,练习一个已经被他人多次写过的题目,毕竟当时的他还十分年轻。对他笔下的东西我并不怀疑,只因为他在其中表达了自己诚恳的态度,即便在开玩笑他也不会说假话的。而且我还知道,要是他可以选择他的出生地,他一定愿意让自己出生在威尼斯而不是莎尔腊克。不过,有一个原则对他来说是深深地镌刻在他的灵魂上,无可替代,那就是他会虔诚地遵守和服从自己国家的法律。没有谁能称得上是比他还优秀的国民了,或是比他更为关心国事的国民,或是比他更仇视那个时代的革新和骚扰的国民了。他几乎不给混乱的加剧一点点机会,他所拥有的不凡才能可以帮助他制止住混乱。他的心灵是依照其他时代的模型来铸就的。而现在,我需要用一部同一时期的,但轻松愉快得多的作品来替代这部严肃的作品。

 020 **人的价值在于本质**

蒲鲁达尔克曾在某处说过他认为人和人之间的距离远比兽与兽之间的大得多,他这里所指的是内在品质和灵魂的完美。实际上,我想象中的伊巴明那大和我认识的其他一些具备常识的人之间确实存在这样的距离,甚至还比蒲鲁达尔克说得更厉害些,像是某人和某兽间的关系远远亲于他与某人之间的关系。神啊,一个人怎样才能超越另一个人呢?何况心与心的距离可以是那么那么的远,远得可能无法丈量。

可是很奇怪的是,在给人估价的时候,除了我们人类自身以外,其他的一切都是以本质为衡量标准的。我们去赞美一匹好马的时候,看重的是它的速度和力量,关注的是它是否能够不费吹灰之力用它的神速就在比赛中获得胜利,让周围的观众因此爆发阵阵喝彩,绝不是它身上的马鞍等装备。一条猎狗之所以优秀也主要是因为它的敏捷,和它脖子上套上什么项圈没多大关系。一只威武的雄鹰也是因为它那能够振翅高飞的翅膀才算得上是优秀,而不是它身上有多少装备。为什么我们在评价一个人的时候不能够和评价这些动物一样,只依据个人本身的价值进行评价呢?拥有一大批随从,一座奢华的宫殿,很强的势力,丰厚的收入,这些都是身外之物,都是人的表征，而不是人内在本质的东西。你不会去买一只只能装在口袋里的猫。假设要去买一匹马，你一定要拿掉所有装在它身上的器具，看看它赤裸裸的样子，或者像以前王子买马那样，遮掩掉的部分只能是那些不太重要的部分，免得人们总是盯着它身上那美丽的色泽和健壮的臀部，而忽略了其他重要的部分。你要做的必须是重点注意它的腿、眼和脚这些最有用的部分。王子们之所以不去看那些赤裸裸的马，就是怕被马的臀部、短头和阔胸等部分所迷惑，而忽略了它那孱弱的马蹄和蹒跚的腿，这是王子们买马的习惯。

　　可是当你在评估一个人时，为什么总是让他处于被完全包裹的状态中呢？他所表现出来的部分都和他的本质没有太多的关系，而遮蔽了那些可以作为依据让我们给予他一个准群评价的部分。显然，你想知道的是一把剑的价值而不是剑鞘的价值。如果他的包装被全然地剥掉，你也许就会认定他是一文不值的。因此，你必须依据他的本质来评估他的价值，而不是依据他的衣饰。古人曾经十分幽默地说过：“你知道他为什么看起来这么高吗？这是因为你把他脚上的木屐的高度都算在内了。”雕像是雕像，它下面的台座与雕像本身没有关系。要量一个人的身高就要让他脱掉脚上的木屐，再去量身高。认定一个人是否能够胜任他的工作，必须撇开他所拥有的财富和地位，真正去看看他们的身体是否强壮，他们的手脚是否灵活，考察他们的心灵是否美丽，人是否能干，以及其他一些这份工作所需要的特质等等。观察他是独立存在的，还是从属于他人的，命运和他之间的关系又是如何。他是否在静静等待一把赤裸的剑呢？对于生命从何处逝去他又是否在意，是从口还是从喉颈，这对于他来说有没有区别？他是否内心平静，和平和快乐？等等这些，都是我们应当去考虑的，我们需要借由这些因素去判断，再通过区别来彼此分开。还有，他是不是一个特立独行的智者，当面对强权、穷困和死亡时能否做到无所畏惧?能否做到抑制自己的物欲和冲动,不苛求外在的荣华富贵?面对生命的惊涛骇浪,能否不惊慌失措?是否有钢铁一般的灵魂,在残酷的命运打击之下还能屹立不倒呢?能做到这些的人,王国和公国对他们而言实在算不上什么,因为他们本身就是一个强大的帝国。

　　真正意义上的智者才是能够主宰自己幸福的人。这样的人总是无欲无求。如果你有一个永远快乐的灵魂,有一副已经脱离了苦海的身躯,难道你看不见大自然吗,又何苦总是苦苦去追求呢?我们这些动摇且堕落,成天奴颜婢膝,愚蠢至极,且时时被各种变化多端的情绪所掌控的人,与他们相比,那差距该有多大啊!可是,我们总是看不到这些,因为在习惯的蒙蔽下,我们对此浑然不知。一旦看见一个农夫和一个国王,一个奴隶和一个贵族,一个老百姓和一个官员,一个穷人和一个富翁在一起的话,我们自然而然地就会产生对他们两者高低贵贱的判断,虽然依照某种说法,他们的不同仅仅是穿了不一样的裤子罢了。在达拉士,有一种用来区别国王和百姓的办法实在可笑。国王所信仰的宗教与普通百姓不同,他有自己所信奉的神,就是神使(Mercure)。他指定百姓们只能信奉酒神(Bacchus)、月神(Diane)和战神(Mars),这是由他给百姓们指定的神。可事实上这些神的区别只在于画上的衣帽不同而已,没有实质性的差异。常常在舞台上看到演喜剧的那些演员,在舞台上他们会扮成公爵或是皇帝的样子,但是戏一落幕,他们又都回到原来十分可怜的脚夫和奴仆的模样了。

　　就算是国王,即使他在公共场合总是显得尊贵辉煌,仿佛踩在层层黄金层层碧玉之上,而这一切只不过因为他常年身着那件海青的袍子。可是如果在帷幕之后看他,他也不过是一个再普通不过的人了,甚至有可能比他所统治的百姓还微不足道。真正的幸福只存在于自己的心中,而其他的幸福是浮于表面的。国王和其他人没什么区别,也会游移、懦弱、怨恨,也会有野心和妒忌常常困扰着他的心。就算是国库里的那么多宝藏也无法让他的心灵在操劳中安定下来,公使也无法帮他驱散他内心隐藏在华丽底下的忧愁和烦恼,恐惧和忧虑紧紧地扼住了他的喉。忧虑和烦恼是与人并存的,它不会惧怕闪着寒光的兵器,同样会光临王公贵族的心灵,它们是不管什么尊贵与否的。想想看,难道头疼、发烧和风湿症等病症会更青睐我们,更宽容他们吗?当他们慢慢衰老了之后,身边的侍卫能帮他们减缓衰老吗?当他们同样面临死亡的威胁时,他们的左右侍臣会帮他们恢复镇定吗?当他任性和妒忌发作时,臣子们的朝觐会让他们心平气和下来吗?那缀满了珠宝和黄金的床是无法阻止绞肠痧所带来的痛苦的,它并不因为你穿着锦衣玉袍,在华丽的毯子上翻滚就减少痛苦,或是让发烧远离你。立下汗马功劳的亚历山大,身边的谄媚者让他无知地认为自己是宙斯的儿子。有一天,他受伤了,眼看着伤口上自己的献血流淌着,他说:“好,你现在要说什么呢?这不是鲜红的鲜血吗?这并不是荷马说的那种从伤口流淌出的浓厚的血。”诗人赫尔摩多路士写过一首称颂安提公奴士的诗歌,曾称他为太阳的儿子,可是他得知后抗议说:“那倒马桶的心里十分明白并没有这么一回事。”无论怎么说,他都只是个普通人,不管什么办法都无法改变他卑贱的出身。可是这又有什么关系呢,少女还是会为欢迎他而绽放美丽的笑容,玫瑰花也一样会绽放在他的脚下。要是他的灵魂是愚蠢而粗鄙的,那才是真正不能感受到快乐和幸福呢!

021 心灵是善的源泉

一切事物的价值都源于它们主人的心灵。善用的，就成了祝福；不善用的，就可能是诅咒。只有准确的感觉才能体会命运赐予的一切祝福，那些让我们感到快乐的，就去享受吧，别总想着要去占有他。房屋、铜矿、天地和黄金等等这些，是差遣不掉主人的忧虑的，更浇灭不了烧毁了自己的火焰。只有健全的心灵和健康的体魄才是去享受一切财产的基础。财富对那些畏手畏脚的懦夫和贪得无厌的小人来说，只不过相当于一副美丽的画作置于患眼疾的人面前的作用，或是一瓶药水对患风湿症的人的作用。他就好比是个傻子，舌头感知力愚钝，他就像是个伤风的人无法享受美酒，像一匹马不能欣赏穿戴在自己身上的优雅马具一样享受不了他的财富一样。正如柏拉图说的那样，美丽、健康、力量和财富，以及其他一切被认为是美好的事物，对善人来说是善，但对恶人来说就是恶，反之，恶的事物也是如此。更何况，如果身心都处在恶劣的环境当中，即便是最小的、最轻的、最细微的刺伤或是痛楚都可能会剥夺我们在这个世界上的最大的快乐。那么这些外在的舒适感又有什么用呢？无论是国王还是大臣，只要他的风湿症一发作，就算是披金带银的他们也会全然忘记他们的尊严和地位的。难道他们会因为他们的王位或是其他尊贵的地位而因此不感到疼痛吗？但是如果他们天资聪颖，行动敏捷，哪怕没有那尊贵的王位，他的快乐也不会因此而减少。只要是身体健康,胸怀宽广的人,就算没有国王的财富,幸福和安康也同样会陪伴在你身边。他必须知道,这所有的一切都是表象和陷阱。岂止这样,他还会和薛勒埃士一样欣然同意:"知道王笏有多重的人,是不会低头去捡起那丢在地上的王笏的。"他明白成为一个贤君必须扛起重责大任。

的确,治理国家绝非小事,尚且自我治理已经不简单了。发号施令尽管看起来不难,不过只要想起人类愚钝的判断力和在选择新事物方面存在的困难,我就觉得受人之命要比对人发号施令要简单得多,要舒服得多。因为只要遵守一定的规则,单纯只对自己负责,心灵会因此安逸许多。那这么说的话,纯粹的服从岂不是胜过了包揽大权和拥有天下了吗?鲁克烈斯史路曾经说过:"如果他不比自己所统治的人更贤能的话,是不适宜去统治他人的。"便希律王在洗诺风的书中更进一步解释了:"在享受快乐方面,国王是不及百姓的。原因在于那么轻易的夺取,全然失去了艰难寻找的滋味。"

022 幸福是适度的

最终,我还是会厌倦那过于浓烈的,过于幸福的爱,就像是太过于精细的事物也会损伤人们的肠胃一样。阿微特认为合唱队里的儿童可以找到音乐中最大的乐趣,是吗?其实不然,他们早已烦透了音乐。宴会、化妆舞会、舞蹈和竞技这些,都只能让那些很少见到并迫切地想见到它们的人看起来饶有兴致吧,那些对它们司空见惯的人只会因此感到无比的厌烦。那些呼之即来挥之即去的女人是满足不了享受她们的人的快感的。要是没有口渴过,就一定体会不了饮水的快乐。我们总是认为卖艺的艺人演戏逗乐应该很开心,实际上他们并非如此。这一点可以从王公大臣日常的消遣中可见一斑。他们也会去扮演百姓,试着去过平民一样的卑贱生活,这对他们来说就是一场盛宴。王公贵族们喜欢通过改变陈设,没有紫袍,没有绣垫,只有干净的桌子,简单的菜肴,陈设在贫民的茅草房里这样的方式,来放松自己。世界上再没有什么比繁文缛节的东西更让人讨厌的了。像土耳其王那样,眼前站着三千佳丽任其享受,这难道不让人感到厌倦吗?他的祖先,那没有七千只猎鹰就无法狩猎的祖先,到底是如何保持对狩猎的兴趣的呢?还有,我相信这些个冠冕堂皇的东西应该会给幸福的享受带来诸多的不便,王公贵族们太过显眼了,他们的举动就很难不让人知道。不知道因为什么,我们总是期望他们能够比别人更会掩饰自己的错误。因为,在我们身上被认定为是放荡的东西,换到他们身上,百姓就会觉得是他们专制、轻蔑和犯法了。另外,除了他们倾向于恶以外,似乎在侮辱践踏社会公德方面,他们也得到了一种附加的快乐。

023　幸福需要自由

的确，柏拉图在他的《哥尔支亚》当中指出，暴君是一个可以在一座城里为所欲为的人。正因为如此，被公开和被暴露的恶行比恶行本身让人更容易犯下罪行，谁都害怕处在他人的窥探和监视之中。每个人的行为和思想都公开暴露着，就意味着每个人自身都具有裁判权，更何况，他们身上的污点会因为他们在社会里所处的位置的显赫程度而被同步放大，就好像一个人额头上的痣要比其他地方的伤疤显眼得多是一个道理。所以，诗人们想象中的宙斯的爱，一定是在形形色色的包装之下的。所有有关于他的爱情奇遇的描述中，我记得好像只有一次他是在以平日的尊严和堂皇模样现身的。再让我们来看看希律吧。他也告诉过我们自己当国王的很多不便，他不可以随意地到处游荡和旅行，和囚徒一样被局限在他的宫殿里，自己的一举一动，哪怕是相当细微的举动都在人们的监视之下。

事实上，看着我们的国王一个人孤孤单单地坐在桌旁，被一大堆说话和旁观的人给包围着，我内心涌出的同情多于嫉妒。亚尔风素王说，从某种意义上说，国王不比驴子好多少，驴子还有主人会给他们安然地喂草吃，而国王身边的仆人却给不了国王安然的感觉。我永远都弄不明白为什么一个聪明的人的生活中甚至连坐个马桶都要有二十个人监视着，居然被称作是让人羡慕的养尊处优呢？还有为什么让一个有一万磅收入的人，或是曾经攻破过迦沙勒,或守护西恩纳的人去服役,会让人觉得比一个经验丰富的马夫来得更恰当呢?

024 贪得无厌会断送快乐的根本

最能够切中人类弱点要害的人,通常都会谴责人们对未来的无限贪婪地索取,一般都会去规劝人们尽可能去享受现有的幸福,这一切都要基于他们敢于将自然为了延续自己让人类去做的事情视为人类的诟病的前提之上。大自然在我们的脑海里,总是有许许多多的谬论和悖论,只因为我们的事业比我们的知识更容易遭到嫉妒。我们永远超出自己的所在,欲望、恐惧和渴望驱赶我们到未来去,完全把我们的意识从现实世界中剥离。甚至当我们已经走在生死边缘,它们还在驱赶我们思考未来的事情。"总是惦记着未来的心灵是不会快乐的。"柏拉图常常用自己那句伟大的箴言来劝慰世人:"做自己的事,去认识你自己。"这句话包含了我们所有该做的事情。做自己该做的事情的人,一定先知道自己想要什么,什么是属于他自己的。认识了自己的人,才会将他人的事情真正视作他人的事情。这样的人首先懂得自爱和自我培养,他会巧妙地避开那些冗余的事务和无聊的思想、行为。"即使实现了愿望但仍不满足的就是愚昧,智慧是不但会享受现在,还永远都对自己很满足。"——伊壁鸠鲁改变了他的哲学对未来的预见,并解决了关于未来的悬念。

025 虚伪的臣服

在诸多对于死者的管理的法律当中，我认为最在理的莫过于要在死后对王子们的行为进行审判。就算他们不是法律的主人，他们也是法律的盟友。正义即便无法约束他们生前那显赫的出身，但至少对于他死后的名誉以及他所留下的财产的约束应该是不成问题的。实施这条法律的结果，就是带给遵守这个国家法律的民众许多特殊的好处，同样地，这么做肯定也是那些不愿意给百姓留下万劫不复的坏印象的贤君们所愿意看到的。

原本臣服和归顺国王应当是百姓与生俱来的应当遵守的人生信条。但是在暴戾的君王面前，尽管人们仍旧顺从，但还是抑制不住自我本性对善的趋同，对恶的仇视。为了保证国家的秩序，我们不得不去容忍这些君王，不论他怎样不值得我们拥戴和崇敬，或是总隐瞒自己的恶行，甚至有人用美好的语言去粉饰他们那些惨绝人寰的恶行，我们都会耐着心去拥立他的主权。但是，这种臣服是持续不了很久的。为了正义和自由，我们心内的真实感受是无法压抑的，我们会对后世讲述那些关于忍耐暴君的恶行，却始终如一地维护着他们的权力及其来自于平民的虔诚和崇敬，这么做就是为了给后世做一个榜样罢了。可是如果是为了个人的前途而去错误地去偏袒一个毫无王子名誉的人的主权，无疑是在牺牲公道来以权谋私。

狄特·里微说得好："在王国统治下的人们，完全就是《皇帝的新衣》里

43

那些虚伪的臣子王孙。"毫无疑问,那里面的人已经把他的国王捧到了一个无以复加的地步。兴许,有不少人会讥笑那两个在纳罗"太岁头上动土"的战士,当纳罗询问其中一个人杀他的原因时,他答道:"我曾经十分拥戴你,因为那是你值得我敬仰。可是现在你已经六亲不认,十恶不赦,于是我决定同样用从前热爱你的方式去憎恨你。"纳罗再问第二个人,他回答:"除了杀了你,我找不到其他更好的办法来阻止你作恶了。"可是,有哪一个有健全判断力的人会对王子死后才公之于众的暴行动怒,并以此为依据去时时批驳一个同他一般残暴的暴君呢?像斯巴达那么纯粹的一个政府也会有一些非常虚伪的礼节,比如过往去世,周围所有的联邦和邻国里的男男女女都要极尽所能去以一种悲痛的姿态表示自己的悲恸和忠诚,然后互相走到一起用碰额的方式来表达自己的哀悼。不论这个国王生前究竟是善还是恶,大家都要痛哭流涕去宣扬他是最好的王,把所有能够说出的溢美之词都提供给他所立下的功劳,并认定那最高的功劳所赢得的赞美之词应该是属于那最底下的品位的。

026 死与生

　　照理说,我们应该给亚里士多德翻案。亚里士多德听到苏龙说没有谁生前能幸福的话之后,问道:"要是一个生和死都称心的人,却给他的后人留下了臭名昭著的名声,那这个人能称之为幸福吗?"当我们可以行动的时候,这世界会随着我们随处转移,但当我们一旦死去,这就意味着这世界和我们再无关系。所以苏龙应当这么说，一个人永远不会有幸福，只有死了以后幸福才会降临。不会有谁会将自己的生命连根拔起。人不在不知不觉中幻想他有一部分会长生不老，可是他却始终挣脱不了他的肉体。鲁克烈斯格列斯根的白尔特兰在进攻浪公寨时战死在阿乌尔纳附近。当寨子被攻陷，寨内居民投降后，他们被迫把钥匙放在死者的尸体上。威尼斯共和国的大将，亚尔维晏的伯特连密，也是在柏列沙为国捐躯，他的尸首运回威尼斯时途径敌国微隆纳。大部分军队都认为应当先取得对方的通行证，此时只有谛阿多尔·提里沃尔齐有不同意见，他认为即便会挑起战争也应当强行通过。他说："断没有生前不畏强敌，死后却如此怯懦的道理。"与这类似的事情现实中是有的。依照希腊法律，为了埋葬向敌方索要自己军队战死者的尸首，而放弃自己胜利果实，并将其拱手让与对手的事情也发生过。与之相反的是，亚止士拉却因此与波乌斯决一死战最终获得了胜利。这样的例子存在只是说明长久以来，我们习惯去料理身后事，用以企求上天的恩惠直至死去，并且关于这样做法的信仰总是那么的稳固。

027 所谓死的力量

这样的事情我们总是认为十分古怪，古代有很多这样的例子，就不用再提现在了。英国国王爱德华一世，亲自领兵与苏格兰王罗伯特进行了长期的战争，每每都能凯旋而归，由此他便认为自己只要亲临前线就能保证事业一帆风顺。在他临死之际,他命令自己的儿子必须在他死后,将他尸骨煮烂。之所以让儿子做出如此不孝的举动,只不过是为了要保存他的骨头,以便让儿子再次与苏格兰发生战争时,可以将他的骨头带上战场,因为在他看来,这样命运就会把幸运和胜利再次带给他的臣民。为了保护威克里夫的异教去扰乱布希米国的约翰韦沙,要求人们在他死后,用他的皮肤制成小鼓带到战场上与敌人作战,他也认为这种做法可以继续带给后人如他生前屡战屡胜一般的好运和胜利。同样地,很多红种人和西班牙人,在打仗的时候也总是背着队长的遗骸,只因为这个队长生前总有好运气。同一个地方的其他部落,还曾经把战死士兵的尸首拉到战场上来,只为保佑他们的英雄可以骁勇善战,取得胜利。前面的几个例子说明了人们害怕从前的功绩和荣誉被淹没,而后几个例子则说明了人们希望从死去的人身上获得自己活动的能力。

028 羞怯

拜牙尔将军则是一个更高明的榜样。当他在战场上受了致命伤之后,他的手下都纷纷劝他退到后方,但他坚持说自己是不会背向敌人而死的。直到他筋疲力尽的时候,快从自己的战马上摔下来的时候,他让自己的仆人把他扶到一棵树下躺着,他决定要面向敌人而死去。我还想再举一个和刚才这个例子很相像的例子。今斐力伯王的曾祖,马思米利皇帝,是个多才多艺的人,足智多谋还英俊潇洒。不过他有一个怪脾气,他不会像其他的王子那样一有急事就把自己的马桶当作王座,他是决不允许他的侍从在厕所里见他的,就算是最亲近的也不可以。他不会将自己遮蔽住的部分随意地暴露给医生或是其他的任何人。别看我嘴上说得这么粗俗,实际上我本质上也带有这种羞怯。除非形势所迫,我从不愿意让别人看到那些我们因为风俗需要避讳的肢体和行为。我在普通人面前,尤其是与我一样职业的人面前我都会显得过分的拘谨。马思米利甚至在遗嘱中提出死后,也必须有人将他某个部位用短裤遮掩,还附加了一条,说是为他穿短裤的人,在穿的时候还必须用布条蒙上双眼。

029　葬礼无须过分

西路和为西路做传的人,除了各种盛德以外,他们的一生都在散播对宗教的虔诚。我认为西路是基于某种宗教情绪在做这件事的,他会叮嘱他的子孙们在他的灵魂脱离他的躯体之后,不要去触碰他的遗体。曾经有一位王子跟我说过一个关于我的亲戚的故事,这个人无论是在战争时期,还是和平时期都非常有声誉。在身处宫廷中的他离世之前,他恳请所有前来探病的贵族在他死了之后都要来为他送殡,还恳求在弥留之际陪伴在他身边的王子们的家属也要来祭拜他,为此他还援引了众多理由和事例来证明他的品级是值得这些人来祭拜的。那时候患上沙淋症的他尽管已经无比痛苦，但他还是坚持到这所有所有的人都同意来送殡，且葬礼已经一切准备就绪后才安然地离去。我几乎没听说过有人能够有如此顽固不化的虚荣心的。要是与之相反的例子，我倒是可以从我的朋友当中举出一个来，好像还和这件事情的关系比较密切，那就是他的葬礼是依据一种特殊的安排，不带一点齿齿的方式进行，凡细节都小心翼翼，乃至一个仆人或是一盏灯笼。

我曾经多次看到有人去赞美这种脾性，以至于连马克·奄末利·勒披都制止他自己的后人，也依照这种已经在公众中广为流传的礼节去为他办理后事。那种避免我们在不知不觉当中铺张浪费的做法是否还依旧是简约和节省的做法呢？要改革这样的做法一点都不难，也不必付出多大的代价。真要是需要什么样的布置的话，我认为应该视各个家庭的不同情况而定，且对待这样的问题也和对待其他问题没什么两样才对。哲学家里就很聪明且很信任地把自己的躯体交给自己的朋友去安置，他只是希望葬礼不过于简陋，但也不必太繁文缛节就好了。至于我自己的话，我只要求按照原来的习俗进行就可以了，就是那种别让我也有一天会成为大家的负担的那种通行的办法。西塞罗就说过："葬礼是一桩自己不能太重视，要慎重要求家人的事务。"圣人圣何渠斯丁也说过："葬礼，墓地的挑选，和往生者的安置，与其说是在安置死者，更像是在安抚生人。"苏格拉底在弥留之际时，基里问过他要如何安葬他，苏格拉底的回答是："你随便。"事实上，如果可以让我要求更多的话，我就会要求用更合理的方式去模仿那些还能呼吸的、还能行动的人以便享受所谓的葬礼的奢华，我还会要求去看那些已经死去的面孔被刻在云石上的人。要知道，能凭借无知觉来振奋他人的知觉的人有福了！而那些能靠着死人过活的人就更幸福了！

030 生命的神秘感

　　我很了解，那些极为痛恨民主政体的人。即使我认为民主政体是最公平的，最合理的政体。亚尔之奴岛附近的那场海战，是希腊历史上依靠自己的海军力量打败斯巴达人所获得的最伟大最光荣的一次胜利，但雅典人在打败斯巴达人后，马上不由分说地就将他们的猛将处于死刑的那种残暴做法，只因为这些将领不愿意去埋葬他们阵亡的战友，仍旧在后方企图继续进攻。只要我一想到希腊军队的做法，我就会觉得十分残暴。狄阿密多的态度让这种残暴的处决变得更让人觉得可恨。他是被处于死刑中的一位，但不得不承认，他在军事上和政治上都有过人之处。他在听了自己的宣判词以后，在大家还在静静地等待自己的宣判词时，他已经开始勇敢慷慨陈词了。他并没有帮自己辩护，或是指出对他的宣判有什么不公，只是一味地嘲笑那些宣判官的生命。他祈求将这残酷的判决变为赐予他们的吉利，并且他还希望不要因为他和他的同伴们没有实现在战前立下的关于打胜仗的誓言，而迁怒于他们。说完这番话后，他就慷慨就义了。

　　几年后，不可预测的命运也用同样的办法惩罚了希腊人。因为夏比里亚，雅典的海军大将与斯巴达的海军大将波力士战于拿克士岛，前者已经明显占了优势了，但为了不重蹈覆辙，最终竟然让到手的胜利飞了。这件事对他们的打击无疑是巨大的。由于不愿见到自己的几个同胞的尸首浮于海面,他们竟然放走了大队的敌人,这样一来,他们必然要为此行为付出惨痛的代价,这一切都是因为那累人的迷信。你想知道死后自己会睡在什么地方吗?就在那未生的事物里。还有另一句却把死后安息的感觉安在了一个没有灵魂的躯体上:"希望他能被一个坟墓收容,在那里,他可以脱离他所厌倦的生命的躯壳,像船儿靠在平静的港湾里一样得到安息。很多死后的事物还能和生命保持着某种神秘的联系,这就好比是大自然给予我们的指示。酒窖里的酒会在不同的时期发生变化并不断酵化,腌罐里的腌肉,也会根据腌制的规律改变自己的颜色和气味。

031 凭动机判定行为

有人说过,死让我们得到了解脱,还能帮我们摆脱所有的债务。我明白,也有人对这话有其他的解释。英王亨利第七和马思米连皇帝的儿子,或者我们还可以称呼得更毕恭毕敬一些,称他为查尔斯皇帝第五的父王邓腓力曾约定,以不伤害对方为前提,要求腓力把已经逃亡到下邦的他的仇敌白玫瑰的苏夫尔公爵交给他。但当他临终时,却在遗嘱中命令他的儿子必须在他死后立即处死这位公爵。最近,卜鲁丝勒的雅尔弼公爵在何尔尼及爱格蒙伯爵的悲剧里,也做了不少让人吃惊的事情。其中有一件是,爱格蒙伯爵为了尽到对何尔尼伯爵的义务,恳请他人杀掉他自己,只为对方可以信任自己的担保,降于雅尔弼公爵。在我看来,前者用不着死,不但可以践行自己的诺言,也可以问心无愧。

第一章 蒙田

——幸福意味着自我满足

真正在我们权力可控范围内的只有意志。对于在我们的能力和方式之外的事务,我们负不了责任。一项行为实施的结果是在我们可控范围之外的,关于人的义务的一切法律和法则都应该以此作为出发点。所以爱格蒙伯爵是在用他的灵魂和意志在负责任,无疑他已经尽到了本人应尽的义务。虽然他的手里并没有实践的权力,但是他已经为了何尔尼伯爵而死。与之相反的是,英王虽有心与之联盟,却要求在死后才能实行,这实在让人难以宽恕。泥水匠赫罗托也同样如此,他的主人是埃及王,他一生都对自己的主人忠心耿耿,并保守主人宝库的秘密,但在临终前却将一切告诉了自己的儿子。我认识好几个与我同时代的人,因为霸占了他人的财产而感到良心备受谴责。于是,他们在离世之前或在遗嘱中都纷纷要求弥补,只可惜这样的做法对他们而言已经是于事无补了,则会并不是因为他们给一件迫在眉睫的事情规定了一个期限,而是因为他们妄图通过花费一点点金钱或是精力去给自己赎罪。他们要赎罪就必须拿出点真东西来赔偿才是,他们赔偿越多,越是辛苦,越是艰难,才能让他们感到越满意越合理。忏悔是有很沉重的负担的。其实比起这个,更让人觉得可恶至极的应该是那些忍了一辈子,却在死前对自己的近邻发泄此前的所有不满的人。他们这样做会将他们自己一生的荣誉完全践踏,不但无法减轻他们的仇恨,还会让怨恨超越生命永远跟随他们。把案件拖延到已经超出审判期限才予以判决,这样的审判官实在是不够公正啊!如果可以的话,我会尽可能不让我的死看见我生前没有说过的一切。

032 **人生本无常**

可是,当生命走到尽头,谁有胆量给我们的名誉做个评定,谁敢勇敢地说谁很幸运呢?

克勒苏王有个故事,怕是连小学生都知道吧。西路将他俘虏后,判处他死刑。受刑前,他大喊:"啊,苏龙!苏龙!"西路听到后,不明白这话是什么意思。他对西路解释,从前苏龙曾给过他一个警告,而这个警告不幸应验了。苏龙说,不管命运是如何笑脸相迎,真正的幸福不到一个人的生命走到尽头前是不会出现的。人生总是变幻无常,常常是一点小小的改变,就会让人生完全改变, 所以亚支士拉在回答那些羡慕波斯王小小年纪就大权在握的人时说道:"大权在握固然不错,但是同样是这般年纪,披里安在的命运也不差。"我们知道,伟大的亚历山大的后代,曾经是马薛当的国王最终沦为了罗马的木匠,而史西里的暴君曾是哥林多的教师。一个统帅过千军万马,征战半个世界的霸主也会沦为像叫花子一般的乞讨者,伟大的庞培之所以变成那样,只不过是因为拖延了五六个月的时间而已。我们的父亲卢多韦哥士科查,是米兰的第十代公爵,曾经在他治理下的意大利称霸了全世界许多年,可是他最终还是囚死在罗克城。而且让他感到最不齿的事情是,此前他还有十年的牢狱之灾。前不久基督教中最伟大的国王和嫔妇都被处死了,而这位嫔妇曾经是最美丽的皇后。像这样的例子举不胜举,仿佛是上天的神灵也不太待见下界过于显赫的人。唉，冥冥之中有种缺乏怜悯之心的权威在玩弄这个世界上的每一个人，还狠狠地弄折了元老们手中的权杖。

033　死亡会褪去一切伪装

命运似乎时时刻刻都在等待着我们生命走向尽头，这样它就可以毁灭我们一生所获得的成就。它为了显示自己的劝慰，让我们跟着拉比利乌大叫："我为什么还要再多活一天！"苏龙的名言也可以这样解释，显赫的地位和权力对他来说不过是道德的附庸，他仅仅是一个对命运的荣誉所带来的幸运和不幸全然不放在心中的哲学家。我觉得他的看法一定会有深远的影响，他所说的是我们生命的幸福。既然已经决定要知足，要与宁静的心灵为伴，也坚定地维持灵魂的秩序，那就不应该求助于任何其他人，除非是看到了他表演了最后最艰难的那一幕，要不然，都有可能是他在故弄玄虚的可能。兴许那大篇大篇的至理名言也不过是戴了一副面具而已，或者是真正让人沮丧的事情并没有落到我们的头上，我们因此有时间假装镇静罢了。但是，无论是谁都逃不过死的那一天，到那时谁都不可能再去掩饰。所以，有什么就拿出什么来吧！于是，有个真诚的声音在内心呼喊着：卸掉面具，原形毕露。

034 **盖棺定论**

对我们而言,最重要的日子将是将死之前,一生的行为都在接受检验和点化的日子,那时过去的所有时光都将得到应有的审判。就让死亡去检验我的研究成果吧,因为只有到了那个时候我才明白我的哪些话是由衷的。我知道的就有不少人的终身荣誉是因为他们的死而获得的。庞培的岳父司比洪,临死之前就消除了他生前的所有恶名。有人问伊巴明那大在他自己、夏比利亚和伊非克拉特三人当中最看重谁,他答道,这个答案要等到三人都死了才能有定论。确实,在评价时若是不把他那伟大的死算进去的话,那么一定无法实实在在地去评估这个人的价值。有三个与我同时代的人,他们几乎是无恶不作,是最卑鄙最可恶的人,但最后却得以善终,且事事都有人替他们考虑得十分周到。

有很多人的死是勇敢的。我曾经见过一个人在自己最辉煌的时候死去,那他临终前的日子一定是绚烂无比的。其实我认为若是能在临死前终结自己的野心,那是最高尚的。他不用步行就能到达他所想要到达的,他所期望的最光荣的,最显赫的目的地。因为他的死,他一生所追求的名利都提前得到了。我通过观察一个人死时的情景来评断他的生命,并将希望得到生命的善终作为研究自己生命的最终目的。

第 二 章

佛朗西斯·培根

——让人生幸福的经验

035 善与性善

在我观念里的"善"的概念都是旨在利人,也就是希腊人所说的"爱人" (Philanthropia)。这个词的深层含义单纯用"人道"一词就可以一言以蔽之的。我会把爱人的习惯称为"善",如果是天生就有爱人的倾向就称之为"性善"。这个品德在一切精神品格中是最伟大的。如果人身上缺少了这种品格的话,那势必就会沦为碌碌无为的,卑贱不堪的东西,就和普通的虫豸没多少区别。"善"和神学中提到的德性和"仁爱"观念相符,而且它不会有过度,只能是有错误。过分追求权力的话会让天神堕落,过分的求知欲也会让人类堕落。只有"仁爱"是不存在过度的情形的,因此无论是神还是人,都不会因为它而自我堕落。

人性中向善的那个部分是很深刻的,到底有多深呢?也就是说这种爱人的倾向即便不对人,也会对其他的生物去发善。这一倾向从土耳其人身上就可以看到了。土耳其人……对待动物表现得很仁慈,经常施舍给狗和鸟类。据布斯拜洽斯底的叙述,君士坦丁堡曾经有个基督教青年,为了在玩笑当中撑住一只长喙鸟的嘴,差点让人用石头给砸死了。可见,土耳其人爱动物已经爱到了这种程度。

尽管有"善"和"仁爱"这般品性,但错误也是难免的。意大利人有一句骂人的话:"他太好了,好得都有点像是废物了。"

036　善是有选择的爱

这句话扎扎实实给我们上了一课:"他把雨降给了善人,也降给了不善之人。他也让太阳普照好人和坏人。"但是,对于财富和荣誉问题上,他的处理就不是人人平等了。大众可以享受平等的一般的福利,而特殊的福利则应该是有选择性地降临在某些人头上。还有我们要小心,别在模仿这种做法的时候把原来的模式给破坏了。神学曾经教导我们,以他人爱自己的方式为模版,去爱他人,其实是内心爱自己的一种外在模仿。"变卖自己所有的东西,分给穷人,并让他们来追随自己。"不过,假使你的生命中有个天生的使命,它可以让你只付出一小部分财产就可以换来同变卖全部家当所做出的善一般。如果不是这样的话,就好比是捡了芝麻丢了西瓜了。

有一种习惯是在正道的指挥下为善的,还有些人是本性之中就自然有向善的心理趋向的,这就好像是有另一方面,人天生有恶性一样,有些人天生就不爱关心他人。恶当中最轻的一种就是暴躁、不逊,还喜欢与人争斗,而程度深的则是表现为妒忌和陷害他人。这种人都是把自己的快乐和幸福建立在他人的灾难和痛苦之上的,而且常常落井下石。他们还不如那在路边吃喝拉撒的狗,就好像是如在人体溃烂的部分上嗡嗡盘旋的苍蝇一样讨厌。这些所谓的"恨世者"习惯于引诱他人自缢,但实际上对他们而言,就连去种一株让人自缢的树的事情他们都不曾干过(这和太蒙底的事迹正好相反）。这些人的心性几乎就是人性当中最卑劣的,可是却造就了一大批的政客。他们就好比是曲木,适合造船,毕竟船本来就是颠簸的,但是它们不适合用来造房子,房子是要牢固的才行。

037 善的特质

"性善"的特征不少。一个对异乡人都能彬彬有礼,态度和蔼的人,必然是个"世界的公民",他的心就像是一个和广袤的陆地连在一起的大洲,而不是一个孤立的,与陆地隔绝的小小岛屿。要是他还会同情别人的痛苦的话,那就说明他的内心犹如可以医治他人伤痛,而宁愿自己受割的珍贵药木。要是他还可以对他人的恶行也采取一种宽容的态度的话,那就足以表明他的心性已经超越了自己所受到的伤害,因此他是伤害所不能及的。他要是能对他人给予他的小小恩惠就表示感谢,那说明他所重视的不是他人的底线,而是他人内心的真正想法。但是最重要的是,如果他圣保罗一般至高的德性的话,也就是说如果他可以为了让自己的兄弟们得救,宁愿自己受到基督的诅咒的话,那他的身上就显现出了一种合乎天道,甚至与基督自身都颇为相似了。

038 **哲学上的真理**

一向喜欢戏谑的彼拉多曾问道:"真理是什么?" 可是他提出了这个问题后却不愿意等候答案。世上总是有一些人喜欢总在把自己的意见变来变去,而且他们认为信仰一固定就好比给自己上了一套枷锁,所以他们总是在思想上和行为上要求意志的彻底自由。即便从现在来看,这一流派的哲学家都已成过去,但仍有些顽固的心智游移者还在提这样的观点,纵然他们现在的力量已不如从前的学者那样雄厚了。不过,真正使得人们青睐伪说的理由,不仅在于人们寻找真理时总是要经历千辛万苦,而且觅得了真理之后真理还会给人们的思想附加许多束缚,还因为人都有一种天生的很恶劣的对伪说的爱好。

希腊晚期哲学学派中就有人针对这个课题进行过研究,他们不明白是什么东西引诱人们居然会对伪说本身产生兴趣。通常情况下,伪说不会像诗人的诗句那样,可以引人入胜,也不像是商人的行为那样,引人趋利。我也不知道究竟是为什么,可是"真理"这东西应该说像是一道没有遮掩的白昼之光,世间的歌剧、扮演和庆典这些在普通的灯烛之下所显出的光芒要远远强于在这种光之下的美丽。真理在世人眼中的价值就像是一枚珍珠,只有在日光之下看起来最美。不过,它再怎么样都够不上钻石和红宝石的价值,这两种宝石是不论哪种光线下都能够呈现出美丽的光芒。真理当中掺进一些伪说会给人们增添不少的乐趣。要是从人们心底铲除了自以为是,自诩的希望,错误的评价,武断的想象,许多人的内心就会变成一个可怜的小东西,还充满了抑郁,就连自己都会讨厌自己。这点还有谁会怀疑吗?早期有一位作家曾经很严厉地说诗是"魔鬼的酒",只因为诗会主宰和占据人的想象。实际上,诗不说是伪说的影子罢了。真正害人的应该是那沉在人心底的,占据人内心的伪说,而不是那匆匆从人心头经过的伪说,这些前面都已经证明过了。可是这些事情,不管它们在人们堕落的判断力中是如何被评价的,真理(它能是自己评价自己)却教导我们要去研究真理(实际上就是向它求爱求婚),去认识真理(就是与之和平共处)和相信真理(就是去享受它本身),这些才是人性总最高的美德。

039

世间的真理

　　说完教义中的真理和哲学上的真理,再来看看人世间的真理。那些做事行为不够耿直的人,他们也是承认待人行事坦诚之人才是人性的光荣。真真假假掺杂在一起就好比是在金银币中掺入了其他合金,兴许这么做是可以让金银币在使用上更为方便,但却把它们本身的品质搞得一团糟。这些曲折的做法就像是蛇的爬行一样,蛇行走的时候用的不是自己的脚而是自己的肚子。虚伪欺诈被人发现容易叫人蒙羞,应该没有什么比这个更厉害。蒙泰涅在研究为什么人们说谎是奇耻大辱的时候,说谎被认为是一种罪不可赦的罪责的时候,他说:"仔细去想想,要是断定有人说谎其实就等于说他对世人示弱。"他说得没错,谎言所面对的不是世人。曾经有一个预言,说基督重新降临的时候,找不到世间的真和信。从这一点上说,谎言可以说是给全体人类所敲响的警钟。这个说法对于虚假和背信弃义的揭露已经是最高明的了

040　财富要取之有道

关于财富的称法,我似乎找不到比"德能的行李"这样的说法更好的了。罗马文字里的词汇好像更贴切一些——impedimenta(行李或是辎重?)。因为财富之于德能而言就好像是辎重之于军队。对于军队来说,不能没有负重,不可将其抛在最后,但是它的存在的确有碍行军,常常会因为顾虑负重而搅乱作战的思维,而对最终的胜利造成影响。巨大的财富本身是没有什么实在的用处,只有唯一真实的作用就是将其施舍给需要它的人,而其他的都不过只是幻象。所罗门说过:"大富之所在,必将有众人消耗之,而它真正的主人除了可以用眼睛看以外,还有什么其他的享受吗?"一个人的财富积累到一定程度的时候,已经超过了个人所能享受的极限,他可以选择储藏这些财富,也可以选择赠与他人并因此而成名,但就他个人而言,这财富是没有任何实在的意义的。难道没发现,世人给了小小的石头或是其他的稀罕之物徒增了多少莫须有的价值?还有,难道没发现世人总在为一些

虚荣,和巨大的财富而承担了多少工作,这有用吗?也许,你会说,这些财富可以帮你打通很多关节,救人于危难之中。所罗门也说过:"在富人的想象当中,财富就好比是一座坚不可摧的城墙。"这话说得实在是妙。想象中确实如此,但实际却与之大相径庭。实际上,财富能够收买的人的的确确要比活人多。但不要去过分追求财富,君子爱财取之有道,用正当手段获得的财富,可以合理使用,愉快地施舍,安然地留给后人。当然,也不要用一种遁世的态度去轻视财富。要有所分别,就像西塞罗说的关于拉比瑞亚斯·波斯丢玛斯的话那样。也要适当地听从所罗门说的,不可以急于敛财:"所谓欲速则不达,反而容易陷自己于不义。"

诗人们提到的寓言里说,当久辟特(天帝)派遣普卢塔斯(财神)的时候,后者步履蹒跚,行动迟缓。可是当普卢陶(阎罗)派遣他的时候,他却跑得飞快。这个寓言的含义是,通过正当手段和善的方式得来的财富总是一点一滴慢慢得到的,而建立在他人死亡基础上的财富通常是突然降临的。要是把普卢陶想象成一个魔鬼,那么这个寓言也能说得通。财富从魔鬼那来的时候(像是通过欺诈、压迫和其他不正当的手段得到的财富),它们总是来得很快。致富的手段千百种,但是大多数都是卑劣的。吝啬是其中最佳的方式,但也算不上是纯洁善良的方式,毕竟吝啬的人是不会乐善好施的。最为自然的致富手段应该是去好好栽种收获各种大地的产物。只有这些产物是我们共同的母亲——大地母亲的赐予,虽然这种方法用于发财的速度是极慢极慢的。但是如果有钱人愿意屈尊从事农牧矿产的事业的话,他的财富的增长速度也是相当惊人的。从前我认识的一位英国贵族,他的财富算是可以傲视当时所有人的。他是一片草原的主人,牧场的主人,森林的主人,煤矿的主人等等一系列产业的主人,就因为如此,大地就仿佛一片取之不尽的汪洋大海,任其在其中开采,于是,财富源源而来。

041　懂得慷慨

　　千万别相信那些表面上看起来蔑视财富的人,他们之所以有这种表现,就是因为自己对财富产生了绝望情绪。一旦他们发了财,会比谁都爱财呢。不要纠结一些小的财富,钱是会长翅膀的,它有时会自己飞来,有时你就必须让它飞走,好让它把更多的财运招来。人们习惯把自己的财富留给亲属或是公家,最好的方式应该是在两者当中取得平衡。给自己的子嗣留一份财产,假设他的年龄尚轻,资历尚浅的话,那么这份财产对他们来说就好比是引诱鸟儿的诱饵,会引诱不少鸷鸟环绕在你的子嗣周围,伺机夺取他们的东西。与之类似,为了贪慕虚荣而捐赠的钱款或是基金等等,就好比是缺了盐的祭品,还像是外表粉饰了的坟墓,很快里面就会开始腐败。所以,不要总是去计算你的赠与标准的数量,何不好好地去考虑一下这件事情,这样才是真正慷慨之人的做法,所花的钱也就是别人的钱而不是自己的钱了。

042 虚荣心

"坐在战车的轮轴上的苍蝇说,看我扬起了多大的尘土啊!"《伊索寓言》里的这个故事说得真是好啊。类似那只苍蝇一样,有很多自我狂妄的人,无论什么事情,或是事情本身推动,或是自己在那大力宣扬,只要他们和这事儿有一丁点的关系,他们就会很自然地认为这事是仰仗他们的力量完成的。喜欢炫耀的人必然是好斗的,毕竟炫耀是要以与他人做比较为基础的。这一类人总是表现得很过分,因为只有这样才会有人支持他们所说的一切。同时,他们又守不住秘密,所以他们是一类没有什么实际价值的人。法文里有一句俗语用来形容他们是恰如其分的,他们就是"声音很大,但结果很小"的人。不过,在政务当中这种人的有些品性却是有用的。当人们需要给有才能的人或是有德性的人造一些声势的时候,这些人的吹嘘本领就派上用场了。再有,像里维说过关于安提奥喀斯和哀陶立安人之事的话:"谎言要是关于彼此的话,也不是都是一无是处的。"就比如一个人在两位君王中间游说,想让两方联合以防御共同的敌人。他对双方的势力均做了夸张的形容。再比如说在两个人之间交涉的人,也会自然而然地去夸大双方的影响,只不过到最后真正抬高声望的人却是他自己。因此上述的这类事情,常常会出现无中生有。谎言可以引起意见,有了意见才能有实践。

虚荣心对于将帅和军人来说,是一种不可缺少的特质。我们常常看到一块铁之所以磨得锋利是因为它由其他的铁磨成的,人也是这样,一旦夸张的话,人们的勇气就会互相磨得锋利起来。冒着生命和财产风险的大事业,若是承当的人是天性好浮夸的人的话,就会让这事情变得有活力许多,反之,如果做的是人是那些天性相当稳重严肃的人的话,那它就可能让觉得有重物压身般的压力存在。另外,在学问的名声方面,要是缺少了炫耀的成分,那么这种名声要真正实现也是有一定困难的。"写《虚荣之轻视》这本书的人他也不反对让自己的名字出现在书本的扉页上。"

苏格拉底、亚里士多德和盖伦都是善于去夸耀自己的人。虚荣心确实有一种帮助人们留名于世的助推力。而才能给人们带来的名誉,一般来说源于人类的好德之心的名誉要远远多于来自自身努力的。西塞罗、塞奈喀、小普利尼底的成就哪个不是和这些人自身的虚荣心相关联的,如果没有了虚荣心,他们的名声也至于维系至此。虚荣心就像是天花板上刷的那层底漆,它的作用就在于不但让天花板看起来光鲜亮丽,还可以保持很长一段时间。但说了这么久了,我所说的"虚荣",指的可不是泰西塔斯说缪西阿努斯虚荣的那种性质的虚荣,即"他仿佛有一种很巧妙地可以自我炫耀自己一切言行的本事",他这里提到的这种特质并非来自于真正的虚荣心,而是来源于自己本身的见识和性格上的豪气,而且具有这种特质的人是高尚美丽的。像那些谦虚、退让等,都不过是炫耀的技巧罢了。在这些炫耀之术中,小普利尼说到的那种是最好的了,他说的就是在自己所擅长的那个领域,如果发现有他人也有不少优势,就要不遗余力地去称赞对方的优势。小普利尼说得极为巧妙:"赞扬别人,实际上是在替自己做好事,因为你所称赞的人在这一领域不是你强就是弱于你。要是比你弱的话,那么如果他值得被赞扬,那你自己岂不是更值得被赞扬了,而如果他要胜于你的话,那么假设他不能被赞扬,那你就更不值得被赞扬了。"明哲之士是轻视好炫耀的人的,愚蠢的人是羡慕好炫耀的人的,而一些奸佞之人所奉承的是好炫耀的人,而这后两种人都是好炫耀的人言语下的奴隶。

043 嫉妒之情

人类的各种情欲当中,除了恋爱和妒忌,没有哪一个是迷人的。因为只有这两者有着强烈的愿望,它们会制造出意象和观念,并且很容易让人感受得到他们的存在,尤其是这种情感的对象在场时,这些都会是导致蛊惑的缘由,要是真的存在蛊惑这一说。

现在,我们先不去管那些奥妙(即便在很多时候它们也很值得去思考),就只来谈谈哪些人最容易妒忌他人,哪些人最容易遭到妒忌,以及公妒和私妒之间到底有什么分别。

044 什么人爱嫉妒

无德的人常常会去妒忌有德之人。因为人内心若是不能用自己所获得好处来满足的话,就必然需要用他人所遭遇的不幸来满足了。如果这两者都得不到的人就会表现出对这两者的渴求。任何缺乏追赶他人美德希望的人，都会想方设法地压抑那些已经取得美德的人的幸福，以求彼此的平衡。

多事好问的人，都善于嫉妒。他们想要知道他人的事情，绝不是因为想弄清楚自己的利益是不是给他人带来了什么劳碌和麻烦，而是他们想要从围观他们的旦夕祸福中获得某种乐趣罢了。一个专心于自己事业的人是不会给自己找很多嫉妒的理由，因为嫉妒是一种游荡的情欲，总徘徊在大街上不肯安定下来，所谓"没有好管闲事的心的人是不会不怀好意的"。

老贵族对刚刚飞黄腾达，发财致富的人常常会表露出嫉妒之情。因为两者之间距离的改变常常会给他们造成一种错觉，总感觉别人在一直往前，而自己相应地在后退一样。

残疾人、宦官、老人和私生子都是善于嫉妒的人。无法弥补自身缺陷的人，就会时常想去损害他人利益，一旦这些身上有缺陷的人没有一颗强大而勇敢的心灵，这事儿就免不了要发生。他们的天性是会将人们身上天生的缺陷作为自我荣耀的一部分的，他们会让人家说一个宦官或是一个跛子竟然做了这么件伟大的事情，而这事情的荣耀就堪比一个奇迹了，就比如宦官拿尔西斯和跛人阿盖西劳斯及帖木儿就都是此类人。

和上面说的一样，遭遇大祸或大幸的人容易有嫉妒心，因为这些人和那些不合时宜的人一样，他们会觉得自己的痛苦的赔偿一定是来源于看到别人受到的损害。

由于浮躁和虚荣而企图在事业中取得一定成绩的人也是嫉妒心极强的。在事业的某个领域，不能有太多人表现得比他们强，有这样的想法的人还怕没有嫉妒的理由存在吗？埃追安皇帝就有这样的特性，他极度嫉妒诗人、画家和能工巧匠，虽然在这些人所从事的行业里，皇帝本人是有一些过人之处的。

最后,还有近亲、同事以及兄弟姐妹们,也常常会嫉妒他们那已经取得成功的平辈们。正因为他们中间有人已经取得了成功,这就无形中让其他的同辈表现出了不优秀的一面,甚至是指责了他们。而且这些已经功成名就的人很经常会被平辈人提起,这就容易引起众人的注意,这样的话,嫉妒的情绪就会随着人们之间的言论和他们的名声而迅速产生。该隐很是嫉妒他兄弟亚伯,且嫉妒的方式想到那个卑劣,只因为亚伯呈的贡品被看中的时候在场的并没有人围观罢了。以上说的这些都是最容易产生嫉妒情绪的人。

045 易受嫉妒的人

现在再来说说哪些人容易被人嫉妒。首先,德行高尚的人。他的德行越是高尚,遭人嫉妒的机会就会越少。他们的幸福在他们看来是他们应得的,没有人去嫉妒债务的所得所偿,嫉妒的重点一般都是在报酬过当方面。嫉妒的产生都是和人我的比较有关的,没有比较就不会有嫉妒。所以帝王是不会遭到其他人的嫉妒的,除了他们自己。然而,要注意的是一般是卑贱的人初升显贵的时候最容易遭人嫉妒,慢慢地也就少了。相反的是,建功立业的人在他们自己的福祉得以绵延的时候最容易遭人嫉妒,因为那时候的他们尽管德行犹在,但身上的荣誉已大不如前了,新兴的有功有业的人早已经把那些旧德行投进暗处了。

贵族愈发显赫的时候，就不容易遭人嫉妒，似乎他们所获的一切显赫都和他们的家世有关，这是他们应得的权利。况且他们显贵了也不见得就会给他们增加多少幸福。嫉妒的心就仿佛日光，它照射到危岸要远比他照射到平地上的热度要高很多。相同的原因，那些突然间飞黄腾达的人，一跃进入贵族行列的人们是很容易招人嫉妒的。

至于那些把自己的荣耀和自己的劳苦、忧虑，还有危险关联在一起的人也不容易遭人嫉妒。人们会认为他们的荣耀来之不易，反倒还会对他们产生同情的情绪，要知道怜悯是治愈嫉妒最好的药房。因此，那些政界显得很严肃很庄重的人，总是会在自己崇高的地位之下自怨自艾，说自己有多么不快乐，还总是唱着"我们何等受苦"的歌曲。可是他们的真实感觉并非如此，只不过是为了躲过他人的嫉妒心。他们的这种怨叹的所指是他人外在在他们身上的负担，不可指自己所愿意从事的事业。因为再没有什么比专心自己的事业并带有相应的野心的人更容易遭人嫉妒了。另外，一个大人物如果能让自己手下的人都保有相应的权力和地位的话，嫉妒自然就会被这种极好的办法所消除。因为凭借这种手段，他就会和嫉妒隔离开来。

更有甚者，有些人会用一种傲慢的态度来显示自己的富贵，他们是最容易招来嫉妒的。这些人喜欢对外表现自己的伟大，或是外表的显赫，或是可以克服一切反对和竞争的能力，只有这样做才让他们感到满意。而有智慧的人则宁愿给嫉妒贡献点什么，有时还会在自己并不关心的领域中有意让人来阻挠自己。然而这么做是对的，用一种朴素的坦白的姿态来处理自己的荣耀（只要不带一点的骄傲和虚荣），要远比用一种狡诈的态度对待，招来的嫉妒更少一些。对于后者来说，一个人表明自己不配享受那种幸福，并且好像自己已经明白了自己是无价值的，这只不过是在教导他人来嫉妒自己罢了。

最后总结一下刚才讲的。我们一开始在提到嫉妒的时候,就认为它是带有巫术性质的。因此要治它就只能用治巫术的方法了。那就是要除去可能降临到他人头上的"妖气"(人们所谓的妖气)。为了做到这一点,很多明哲智慧的大人物,都会叫来一个旁人,让他登台露面,好让自己把原本会落在自己头上的嫉妒心转移到他的身上,有时候也会是转移到自己的奴仆身上,有时候是同事或同僚身上,等等。那些天性莽撞而且好事的人这种事是少不了他们的身影。这些人为了获得权力和职务,是什么事情都会去做的。

046 公妒

再来聊聊公妒。在为公的嫉妒至少比为私的嫉妒要多一些好处的。因为公妒就好比是一种希腊式的流刑,是要去压抑那些过于大权在握的人。因此,公妒对大人物来说是一种控制力,它保证他们不会超过一定的极限。公妒在拉丁语中被称作 invidia,现在把它称之为"公愤",这个问题会在下文中具体讨论,这是一种国家的疾病,就好像是染了毒一样。染了毒的人,毒素是可以扩散到全身的,让原本健全的部分也沾染上疾病,一样地,如果国家有了公愤,这种心理也会迅速蔓延开来,让这个国家最好的举措都变得恶臭无比。

因此,当政者要注意把得人心的政策和不得人心的政策区分开来,二者混为一谈是得不到什么好处的。因为那么做表现出来的只是一种懦弱，一种对嫉妒的恐惧，而这种恐惧对国家而言是相当不利的。这和各种染毒常见的情形一样，你越怕它们，就越有可能把它们找到自己身边。

　　类似这样的公愤好像主要针对的对象是那些重臣，而不是针对帝制或是共和制度本身似的。不过，这是一条颠扑不破的定律，如果对某位大臣的公愤极深，且这种大臣并不重视这种公愤，或是如果公愤已经遍及一国之中的所有重臣，那这样的公愤（虽然是隐性的）就对国家是非常不利的。上面这些说的就是关于公妒和私妒的含义，以及二者的区别。

047　持久的嫉妒

　　关于嫉妒，我在这里再补充几句话。在所有的情欲当中，嫉妒无疑是最持久的，最为强求的一种。别的情欲不过都是偶发的，所以才会有人说："嫉妒是永不休假的。"因为它不在这个人身上活动，就在那个人身上活动。此外，还有人注意到恋爱和嫉妒两种情感是此消彼长的，而别的情欲则没有这种现象，只因它们没有这两者可以持续那么久。嫉妒是最卑劣，最容易让人堕落的情欲，所以它所显现出来的是魔鬼本来的特质。魔鬼是被称作"夜晚，在麦子田里种下稗子的嫉妒者"。嫉妒是以诡计暗暗行事的，又常常对好的事物产生不利影响。它永远都是如此。

048 死亡的恐惧

　　成年人对死的恐惧就好比儿童对黑暗的恐惧。儿童这种天然的恐惧会因为听到一些故事自然增加，而成年人的恐惧也是如此。当然，冷静地去审视死亡，认定它是罪孽的延伸，是通往另一个世界的路，这种看法是虔诚且合乎宗教的。但是认为对死亡的恐惧是我们对自然应当的贡献的看法则是愚蠢的。不过宗教的沉思是时而会掺进虚妄和迷信的。在某种苦行僧的自戒书当中可以见到有一种说法，就是一个人应当自行考虑一下，如果他有一个指头的末端被压或是被行刑，那该是怎样的一种痛苦。再由此想象那让人产生全身腐烂直至死亡的痛苦又是什么样的。实际上，经历过多次生死边缘的人的痛苦并不比身体的某一部分受刑来得重，因为人体最关系生死的器官并不全然就是敏于感觉的器官。那位艺人兼哲学家的口吻来说话的古人曾经有句话说得极好："伴随着死亡一起来的东西，要比死亡还可怕。"呻吟和痉挛，痛苦的面目表情，朋友的关心，葬礼等等都比死亡来得可怕得多。值得注意的是，人内心的各种情况无论多么薄弱都不可能有哪一个克服不了对死亡的恐惧。既然一个人的身边有那么多可以战胜死亡的侍从，那死亡还有什么可怕的呢？

　　复仇之心大过于死亡，爱恋之心蔑视死亡，荣誉之心期许之，忧伤之心奔赴之，恐怖之心预期之。不单单是这些，我们在书中还知道了奥陶大帝自杀之后，哀怜之心（人们情感当中最为柔软的部分）涌起让许多人也不想活了。他们的死是为了表达对君王的同情，并决心始终忠诚于他们的君王。此外，塞奈喀还认为苛求和厌倦无聊的人也同样希望自己死去。他说："试想一下，同样的事情你已经做了多久！勇敢的人和贫困的人都想死，厌倦无聊的人也同样想死。"一个既不勇敢，也不穷困潦倒的人，也是会因为总是在重复一件同样的事情，去寻死的。

同样值得注意的是，在英勇的壮士看来，死亡的来临那是件多么小的事情啊！这些人就算是到了最后一刻，都依然故我。奥古斯塔斯大帝在死之前还赞扬了自己的皇后："永别了，里维亚，请你永远都不要忘记我们婚后的那些生活在一起的日子。"

049　追求美

才德有如宝石，最好的镶嵌物就是干净朴素的东西。无疑，如果是一种容貌一般，却举止优雅，气质端庄的人，拥有才德，那固然是最好的结果。一般来说，长得好的人其他方面的才德都又不怎么优秀，就仿佛造物主在创造他们这个部分的时候只求无过，却没有想过要造得多优秀一般。因此，那些外貌出众的人大多都胸无大志，他们所追求的也大多都是容貌方面的事情，和才德无关。当然，这种说法也不能适用于所有的情况。奥古斯塔斯大帝，泰塔斯·外斯帕显努斯，法王腓力普，英王爱德华第四，雅典人阿尔西巴阿底斯，波斯王伊斯迈耳既是当世的美男子，而且他们还都个个志向远大，精神崇高。说起美的话,状貌的美要远胜于颜色之美,而适当且优雅的动作之美又远胜过状貌之美。最上等的美是图画所描绘不了的,初看者无法全部领会的。在规模方面,任何一种顶级的美都有自己的奇特之处。我们无法断定阿派莱斯和阿伯特·杜勒在戏谑界谁更优秀,其中一位是根据几何学上的比例还画人的脸,另一位则是通过好几个脸面的观察后,取其中各自最好的部分,最后拼合成最美的一张脸。用这些办法所画出来的脸,在我看来谁都不会看了欢喜的,除了画家本人。我这么说并不是因为我不同意画家应当画出一张前所未有的美丽的脸,而是认为他应当凭运气做成这件事情(就像一位音乐家谱成一曲优美的曲子一样),而不是借助某种公式。我们一定会发现有些画出来的脸或是把它拆成一部分一部分去看的话,是找不到一点美的,但是合在一起以后,就显得很好看了。

假如美最主要的部分确实是存在于美的动作中的话,那有些上了年纪的人看起来更可爱的事情就见怪不怪了。"美人迟暮也仍然很美",因为如果不是我们特意对年轻人保持宽容的态度,将他们的年轻视为弥补其美观的不足的话,那么就没有任何一个人可以保留其自身的美了。美像是夏天的水果,容易腐烂,难以持久,而且就大多数情况来说,美会让人有着自由的青年时代,悔恨的老年时代。但是,要是美可以恰当地落在一个人身上的话,那么它是可以使美德更加绽放光辉,让恶更加汗颜的。

050　合理节制的爱

相比于人生，舞台从恋爱中得到的实惠更多一些。因为在舞台上，恋爱可以长期给喜剧提供素材，也可以给悲剧提供素材，而在真实的人生当中，恋爱只能招来祸患，它有时像一名迷惑人的魔女，有时却像一位复仇的女神。你可以发现，一切伟大的人物（无论是古人还是今人，只要是负有盛名的）都不会在恋爱中把自己变得狂热。可见，伟大的人和他们所从事的大业是会天然地排斥这种柔弱的情感。不过你必须把曾经是罗马帝国一半的统治者安东尼，和十人执政之一及立法者的阿皮亚斯·克劳底亚斯排除在外。这两个人当中，前者是个好色之徒，而后者是个理智且严肃的人。因此，恋爱（虽然这是非常少见的）似乎不但能够进入开放的心胸，就算是壁垒森严心墙它也可以穿透（如果把守不那么严的话）。埃皮扣拉斯说过这么一句话："我们在对方的眼里都是一座够大的舞台了。"我觉得这句话说得不够好。就好像本来应当是有宽阔的眼界，生来高贵的人类不应当去做别的，只能是跪在一尊小小的偶像面前，把自己搞得像个奴隶似的，虽说不是口舌可以驱使的奴隶，就像禽兽一般，但也是眼目之下的奴隶。由此可见，这种情欲是如何过度的，它又是如何去欺负事物的本性和本质的。也就是说，只有在恋爱的状态下，才能适用夸张的言辞，而在其他事情当中这么做是不适宜的。

不但言语当中如此，古人说得好，谄媚者中为首的人，就是那种与其他一切低一级谄媚者互通消息的人，就是一个人的自我。无疑，情人要比他们还厉害。因为没有谁会比自己情人更爱自己，更重视自己了，即便是一直都很骄傲的人。所以古人说："要恋爱中的人还有理智几乎是不可能的。"这个弱点在旁人看来是十分清楚的，可是处在恋爱中的人总是当局者迷。如果这种弱点可以被被爱者清楚地看到，那他的爱情一定是得到了回报。爱情的报酬总是这样，要不是回爱的话，就会产生内心的一种隐秘的轻蔑，这条规则是真实存在的。因此，人们应该重视去提防这种情欲，因为它不但可以让人失去其他事物，甚至连自己都不保。关于其他方面的损失，古代诗人的故事把它描述得十分精准：爱上海伦的人就甘愿舍弃攸诺和派拉斯底的赏赐。无论是谁，只要过分沉浸在爱情中的话，就会主动放弃自己的财富和智慧。情欲泛滥的时候，往往都是人内心极其脆弱的时候，也就是一个人处于自己最顶峰或是最低谷的状态当中的时候，虽然他们的困厄不是太引人注意。这两种状态以下的人，都容易在心中燃起爱情的火焰，并迅速十分热烈，这就说明"爱"是"愚蠢"的孩子。有些人，当心中不能缺少爱的时候，总是受到它的约束，而且它还会把自己和其他人生的要务严格区分开，那么这些人行为举止就比较合情合理。但是一旦爱要是参与到其他的事务中去的话，就会扰乱人们的福利，且让他们不再去追寻自己的目的。我不知道为什么习武之人总是容易坠入爱河。也许是和他们爱喝酒一样吧，毕竟从事危险行业的人总是需要有娱乐作为调剂。人性当中是有一种隐秘的爱上他人的趋势和倾向，若是这种爱的渴望不能很好地发泄在某一个人或是少数人的身上的话，就会普及到众人身上，施爱的人也会因此变得很仁慈，就比如僧侣，我们经常会看到他们身上有这种情形发生。

夫妻之间的爱，让人类正常繁衍；朋友之间的爱，让人变得完美。但是无节制的爱，只会让人道德败坏，变得十分卑贱。

051　幸运女神

　　幸运的消长纯属外界偶然因素在起作用，无论是外貌、机会或是他人的死亡等，不可否认的是这些都是机会和才德之间的偶然碰撞。不过，总的来说，一个人的运气还是掌握在他自己的手里。所以有诗人这么说："人人都是构筑自己命运的建筑师。"而外在的因素中最常见的是，这个人的不明智给他人的好运造成了影响。因为没有什么能比借由他人的错误让自己获得好运来得更快的了。"蛇和蛇之间要是不互相残杀的话，就成不了龙。容易被赏识的才德是外露的，但是一些内在的才能也会和好运有很大的关系，一般来说都是那些很难言说的自制自解的能力。西班牙人把这种才能称之为 desemboltura，这个词能够在一定程度上描述这种能力。一个人的天性当中只要没有任何障碍的话，那么他精神的轮子就会随着幸运的轮子同时转动，这就是 desemboltura 这个词所要表达的意思了。和这个相似的是，里维也尝试用下面的言辞来形容老凯陶，"这个人拥有如此强大的体力和精神，无论他出生在哪一个家庭，都应该会自己赢得好运气吧。"他在形容过后就发现了一点，就是这个人所拥有的才能非常多。所以，一个人只要肯留心观察，他就会发现"幸运"的存在。因为即便幸运有时看起来有些盲目，但也不是隐性存在的。通往幸运的道路就好比是空中的银河，那由一群小星星聚集而成，并不是哪一个都能具体被发现，但是它们可以聚在一起发光。类似这样的小小的美德，大多数人都注意不到的，被意大利人注意到了。例如意大利人在评论一个做事从未出过错的人的时候，一定会评论他身上的这种特质，另外还要加上一句，"他有点傻气"。确实，有一点点傻气，而且不至于太过于老实巴交的人，比其他任何拥有其他特质的人要幸运得多。所以，极端爱国或是爱自己的神的人总是不幸的，而且他们是不能够幸运的。一个人把自己的思想置于自己身外之后，他所走的路就不是自己的路了。突如其来的幸运会造就一个活动家或是躁动者（法国人将这种人称为"好事者"或是"好动者"，这样听起来似乎好许多），但是经过磨炼而来的幸运才容易造就将才。

不为别的，就为了幸运的两个女儿，我们就应当去尊重幸运。她的两个女儿分别还是老凯陶和大凯陶，即 Catomajor，原名 Marcus PorciusCato，也称作"言官凯陶"（Catothe Censor）。她生于公元前 234 年，从小就务农，长大之后从军，公元前 191 年后开始参加政治活动，曾经是平民派领袖，终生竭力在为攻击贵族派的骄纵、荒淫无度的行为，晚年还致力于希腊文学的研究，著作众多，如今创世的只有《论农事》一书。卒于公元前 149 年，享年 85 岁，是罗马古代的伟人之一。"多种的才能"一词原文就引自里维之语，作为 Versatileingenium。

"自信"和"命运"都是由幸运所产生的，前者是在个人心底产生的，而后者则是产生于别人的想法当中。古代的贤能人士，为了避免有人嫉妒他们的才能，都习惯会将自己的才能归功于幸运，这样他们就可以比较放心地去享有这些才德了。再有，如果是一个受到神灵庇佑的人，那他一定是个伟人。凯撒对行驶在海浪中的船夫说："你所载动的是凯撒和他的幸运。"苏拉在自称的时候，不用"伟大的"，只用"有福的"的字眼。有人已经注意到了他这么做。于是，凡是过分将自己的幸运归功于自己的智慧的人多半都没有什么好的下场。书上也说过,雅典人提摩西亚斯在向自己的国家汇报政绩的时候,屡屡中断加入这么一句评语,"这件事和幸运是毫无关联的"。打那以后,他做任何事情再没得意过。这世上确实有那么些人,他们的运气就和荷马的诗句一样,流畅自如,其他的诗人都慨叹不如。就好比普卢塔克把提摩莱昂的运气与阿盖西劳斯和埃帕米农达斯的运气做比较后说的话一样。之所以这样,多半也和自身有很大的关系。

052 厄运的福祉

"谁都希望得到幸运所带来的好处,但是厄运带来的好处却是值得啧啧称奇的。"这是塞纳喀的仿画廊派的高论。显然,要是我们把奇迹的意思看作是"超越自然",那么奇迹就大多会在厄运中出现。塞纳喀还有另外一句更高明的话(这话因为是从一个异教徒嘴里说出来的,那真的是很高明的):"一个有凡人一般的脆弱,却又有神仙一般的自在的人,那是真正伟大的人。"要是这句话是句诗的话,那就更好了,因为诗本身夸张的语言,会让这种说法看起来更能被认可似的。诗人们确实常说这样的话,因为这话是古代诗人常常描述的那个奇谈里所表现的东西。这个奇谈似乎没太多深意,不仅如此,它所描述的还和基督教徒的情形有些相似。其实就是当赫扣力斯去解放普罗米修斯的时候(普罗米修斯是代表人性的),他是坐在一个瓦盆或者是瓦罐里渡过了大海的。这个故事很生动地描绘了基督徒用自己血肉之躯做的轻舟渡过了世间汹涌的波涛的情形。用一般的方式来表达的话,幸运所产生的德性是节制,厄运所产生的恶性是坚韧。从伦理上来说的话,后者其实应该更是一种伟大的德性。

幸运是《旧约》所带来的福祉,厄运则和《新约》有关。其实,厄运所带来的福祉比幸运更多,所体现出的恩惠更为明显。不过在《旧约》当中,如谛听大卫的琴声,听出了与欢颂数量相当的哀音。另外,圣灵的画笔在形容约伯的苦难方面下的笔墨要比形容所罗门的幸福上重得多。幸运并非就等于完全没有苦恼或是恐惧,厄运也不等于就失去了全部的希望。我们常见的刺绣和针工,要是在一片深色的底色上绣上漂亮的花样的话,就会比在浅色的底色上绣上深色的花样来得漂亮得多。我们可以从满足眼睛的乐趣来推断内心的需求。无疑,美德就像是名贵的香料,经过燃烧和压制之后它的香味越醇厚。因此,幸运是最容易在恶德中显露出来,而厄运则最容易显露出美德。

第 三 章

笛卡尔

——永恒的幸福只能从对知识的渴求和掌握中获得

053 良知是辨清真伪的天性

世界上最难公平分配的东西要算是良知①了。因为每一个人都会有足够的良知，哪怕是那些在其他事情上都难以满足的人，对于良知的要求也不会比现有的多多少。从这一点上说，不是每个人都在自欺欺人，相反，这种情况正好说明了正确的判断能力和辨别能力在所有人身上都是平等的，也就是所谓的良知和理智②都是平等的。因此，人们之所以会有分歧，不是因为一部分人比另一部分人更加理智，而是因为大家的想法大相径庭，或者说是各人有各人的想法罢了。具备良好的精神状态往往是不够的，更重要的是如何很好地运用它。再伟大的人都可能会犯下大错，当然也可能有修行到最佳德性。那么沿着正途缓缓前行的人，要远比那些狂奔而去，却远离正道的人，走得快得多。

我从来没有独自想过我自己的精神（monesprit）③跟其他普通人相比会不会更完备，虽然我常常都希望自己能和别人一样有敏捷的思想，有那么丰富的想象力，或者是良好的记忆力④。除了以上我说过的这些精神特质的培养之外，我就不清楚还有什么其他的优点存在了。理智和良知是我们作为人唯一区别于动物的东西，在我看来，每个人都应该完整地拥有它。关于这一点，我和哲学家⑤的观点是一致的。哲学家认为一种事物的量的多寡只与它的附体（les accidents）有关，却同一种个人的形式和本性（les formes ou natures）⑥是没有多寡之分的。

054 设法引导理智

　　我敢大胆地说我很幸运。从年轻的时候开始，我就发现了一条通道，让我有了一些看法。因为这个我想出了一个能够让我增进知识的办法，它可以让我慢慢提升，直到我平凡而短暂的生命走到它所可以达到的顶峰。我承认从这当中我已经获得了许多如我所愿的结果，纵然我常常会偏向疑惑且不信任的一边来对自己作出判断，并且不愿自负自恃。我会用哲学家的眼光去观察人类的种种行为和种种职业，我发现这其中没有任何一件是空虚的，或是无益的。但是一想到自己因为探求真理而获得的诸多成就⑦，我就感到十分的欣慰和前所未有的快感，还有就是对未来充满希望。甚至我还会想，要是在纯粹人⑧的工作当中，有一件工作很是美好的话，那我会认为那就是我目前所从事的工作。

　　不过，这也许是我自己在安慰自己罢了。在我看来是黄金或是钻石的东西也许实质上只是一些破铜烂铁而已。我很清楚，在与我们休戚相关的一些事情上，或是朋友的判断上，我们很容易受骗，特别是当它们对我们很有利的时候，越是应该多加提防。在这篇论文当中，我喜欢指出我所遵循的路径是什么，以便清楚地去描述我的生活，就像是把它清楚地画在一张画板，让别人更清楚地看到它，并写下自己的评语。我认为，普通人的评论都会对我所采用的新方法起到一定的指导作用，我必须用它们来完善和改进那些我常用的方法。

所以,我并不打算在这里为了正确地引导自己的理智,就去给每个人传授一些他们必须遵守的法则,我就是为了给大家看看我是如何想办法去引导自己的理智的。那些发号施令的人要比接受命令的人能干才行,就算是再微小的错误,也当重罚。不过,在我所介绍的这篇类似小传一样的文字中(也可以说是类似故事的文字),那些可以效仿的例子中,你能发现有好几件是没有理由去模仿的。我只希望这些故事对有些人有用,对所有人都无害就好。我也希望大家都能够了解我的坦白。

055　无益的学校教育

从儿时起,我接受的就是人文教育,有人劝过我,凡是对人生有益的事情,都要去弄清楚它的实质。当时的我就有了一个很迫切的愿望,强烈的学习愿望,可是一旦结束那所有的功课后①,照例我应该已经被列在了博学之士阶层当中,但我却发觉我的思想被彻底地改变了。因为我处在众多的迷团和困扰当中,尽管认真地学习,但是我依旧没有获得任何的益处,只不过越发地觉得自己无知。然而,我当时求学的地方还是欧洲最有名的学府之一,我想这世界上某一个区域最优秀的知识人才应该都聚集在这里了吧。我在那学了所有其他人认为应该学的学科,并且我还不因此满足,自己又涉猎了不少自己认为很奇怪的,很稀罕的领域。所以,大多人对我作出的评价都还不错,至少不低于我的同学,即便他们中的几位已经准备好去替我们的老师开讲座了。依我看,我们的时代空前地聚集了大量的优秀人才(bons esprits)。处在这个时代的我因此可以毫不顾忌地去批评自己以外的其他所有人,并且相信,世界上的任何一种学说都比不上我从前所希望出现的那个那样。

不过,我还是十分重视我在学校中所接受的教育。我充分掌握在那里我所学的语言⑩,因为这对阅读古典书籍是十分必要的。含蓄的语言可以唤醒一个人的精神,历史上曾经可歌可泣的事迹可以让一个人斗志昂扬。聪明的人读这样的书籍,可以有利于培养自身的判断力。另外,读这样的书籍无疑是在和从前优秀的古人在对话,因为他们是撰写这些古籍的作者,他们在经过深思熟虑之后把自己思想当中最精华的那个部分呈现在自己的文字当中。他们写的雄辩学充满了美和力量;他们写的诗歌满是柔情和蜜意;他们研究的数学有着最为精巧的发明,并且作用很大,不但能满足很多人的好奇心,还能在实用工艺中起到绝佳的作用,减少人力和物力的消耗;他们讨论习尚的著作中有众多的箴言和警句,对人的修德帮助不小;他们撰写的神学著作,会教大家如何升入天堂;哲学则是与大家一同惟妙惟肖地讨论众多解决事情的办法⑪,这些办法会让那些学识尚浅的人惊呼不已;还有法律、医学和其他的学科,这些都会给研究者带来无穷无尽的荣誉和财富。总之,他们的著作是在检讨一切学科,就算是检讨那些充满了迷信和虚伪的学科也都有自己的价值,至少可以让大家认识到这些学科的真正意义,以防误入歧途。

056 辨清真伪

　　只要年龄达到，我就可以脱离监护者的监护，然后放弃典籍的研究工作。我下决心只研究我自己，或是去宇宙中寻求更大的研究，不再跟从前一样到别的地方去找知识。剩下来的青春我打算用来旅行，参观各地的宫廷和军队，访问各种不同性格和地位的人士，体会不同的人生，并在各种命运安排的遭遇当中去锻炼自己，时时反省自己，由此获得一些收益。我相信，研究那些与我们切身相关的事情会获得更多的真理，因为只有在这时候，一旦判断出了错误我们就会被严重处分，这远远胜过在研究室当中做一些毫无结果的理论研究，那样的研究是不会受到打击和处分的，反而是会有很多的虚荣。那样所研究的理论越是偏离常识，就越需要更多的心思和技巧去让它看起来惟妙惟肖。我有一个很是迫切的愿望，就是辨清真伪，学会了这个就可以让我在未来的人生道路上更清楚地看懂我的举止行为。

057　自我研究

　　的确,假如我只是观察他人的生活习惯,什么都不做,那么我就找不出一件事例去保证我的准确无误。另外,我发现,这当中分歧的数量绝不少于我在研究一些哲学家意见当中所遇到的分歧数量。因此,我从那当中所获得的最大收益,就是学会了不能过分肯定一切仅凭事例和习惯来说服自己的事情。因为我看到有些尽管很古怪,很可笑的事情,但是总有一些很优秀的人会完全地接受它或是赞成它。所以,我开始学会改正很多蒙蔽了我的自然之光的错误,尝试去用理智更科学、更适当地去理解真理。曾经有好多年,我都在宇宙这本大书中研究,在获得了一些经验之后,突然有一天,我立志要运用我全部的精力,把研究的方向转向我自己,选择我应当走的路。我自认为自己已经做得比较成功。再想想,如果当初不是我决定离开我的祖国和我的书本的话⑫,也许会有更大的成就。

058 从怀疑到第一真理

　　我不知道,跟你们去讨论我在哪里的最初想法是否合适,因为它们都是形而上的⑬,而且还不同寻常⑭,也许会跟大家的兴趣不一样。不过,为了能够合理地判断我所取用的基础是否牢靠,我又不得不提及它们。长久以来,我就发现在伦理行为上,有时候明知道是错的,人也是必须去遵从他们的意见的,而且还要将其视为不可动摇的,这就和上文⑮我所说过的一样。此时的我,因为致力于探究真理,我就应该采取一种截然相反的做法,但凡在我的想象中⑯,有值得怀疑的部分⑰,即便是很小很小的部分,都要毅然决然地放弃,就像是放弃一个绝对虚伪的东西那样,以便将来更好地观察。除此以外,是不是还有一种东西是完全无需怀疑的存在于我的信念当中呢?由于感官一再地欺骗了我们,我便由此推定所有借助感观去想象的对象都是不真实的。由于有人在推理上犯了错误,因此在简单的几何问题上,他也不免会有错误出现。

　　于是,我断定我出错的原因就和其他人都一样。因此,我摒弃了一切从前认为无需证明的理由,就像摒弃谬论一样。最后,我观察到了自己清醒时候的思想,虽然没有一个是真实的,但同样也会在梦境中出现。于是,我坚定地认为从前假定进入我心灵的所有事物都比我梦中的幻觉更为真确。不过,正当我这么想的时候,一切都为伪的时候,我就会马上意识到那思想的一切是个事实。因为我知道："我思故我在"[18]这个真理着实存在，所有荒唐的怀疑假设[19]都无法动摇它。由此，我断定，我可以毫不怀疑地接受这个真理，并将它视作我所追寻的哲学的第一原则[20]。

059 灵魂与肉体的区别

从此后，我开始仔细思考"我"是什么？我知道，我可以假设"我"不依附在任何肉体上，可以设想宇宙也不存在，"我"安身立命之处都没有，但是我不能假设"我"自己是不存在的。

相反，正是因为我的思想怀疑了所有事物的真实性，才明显和准确地总结了"我"的存在。退一步说，只有当我之前所想象的事物都是真实的，且我停止了自己的思想[21]，那么我还有理由相信我不曾存在过。所以，我清楚地知道自己是一个实体[22]，而这个实体全部的本质和本性[23]都是思想，它的存在可以没有地域[24]，也不需要依附在某种物质上[25]。像我这样，灵魂[26]是我之所以为我的理由。它和肉体有本质的区别[27]，比肉体更容易认识，而且，即使肉体不存在了，也阻止不了它的存在。

060 我思故我在

接下来,为了确定它的条件,我全面地审视了一下命运为真实的原因。因为我已经给自己找到了一个命题,而且知道它是真实且准确的,那么我想我也必须知道所谓的真实和准确指的是什么。我注意到,"我思故我在"没有什么可以保证我说了真理,只不过是我清晰地看到思维存在的必要性。于是我认为我可以以此为总则,但凡可以被清晰地观察它的观念的东西就是真实的,不被怀疑的。只是困难在于如何辨别它是否具有清晰的观念。

061 讴歌理智

既然认识灵魂可以让我明确知道这些规则,也很容易让我们明白梦中所见到的事物,无论怎样,都不应该去怀疑清醒时思想的真实。因为如果在睡眠中产生了一个清晰的观念,好比一位几何学者找到了一个新的证明方法,而即便他是在酣睡中也无法阻碍这方法的真实性。至于在睡梦中的我们常见的一种错误,是它所显现出来的各种对象和我们在身边感知到的,都会给我们带来怀疑它们的机会,当这也不妨碍。因为即便是清醒的时候,我们也屡次被骗。例如那些患上黄疸病的人,看到的事物都是黄色的,或是我们观察到的星辰以及其他很远的物体,都要比实际大小要小很多。总之,无论是醒着还是睡着,我们绝不会轻易去相信什么,除非有自明的理智。

请注意我所说的是理智的自明,而想象的自明或是感官的自明。就好像,虽然我们可以很清楚地看到太阳,但也不能就因此断定它的大小就是我们所看见的那样。再有,我们能够清晰地想象一只山羊的身体长着一只狮子的头,但不能就以次断言世上确实存在这样的怪物。虽然理智不曾告诉我们,看到的或是想象的是真实的,但是它已经很清楚地告诉我们,一切真实都要有依据②,不要把这些没有一点真实性的东西置放到我们的思想里。关于我们睡眠时产生的推论,就不会像清醒时所得到的推论那样的完整和清晰。只不过理智告诉我们,由于人是不完美的,所以我们的思想是不可能完全真实准确的。思想当中真的那个部分,必须是万无一失地存在于我们清醒时的思想中的,而不是在梦里。

062　我思与自明

笛卡尔的怀疑具有普遍性吗?是不是也怀疑"明显"呢?在形而上的默想当中,笛卡尔假定了一个恶神:"既具备才能,又爱骗人。"就算是最明显的事实也会欺骗他。所以在笛卡尔的心目中,他的怀疑似乎是普遍的,彻底的。就这一点,阿诺德曾经责备过他,一个人要是把所有东西都做彻底地怀疑的话,那么他就会永远留在怀疑当中,并且无法自拔。因为我们认定"我思"是真实的,只不过由于它是一种极为明显的事实。要是对自明之所以为自明而产生怀疑,那为什么不能去怀疑"我思"呢?笛卡尔在回答他的问题时纠正了自己的立场,声称自己从未怀疑过当前的自明,只是怀疑那些曾有的自明的回忆。在这样的情形之下,怀疑就是怀疑记忆或是推理了,是不需要有"恶神"的假设了。一位名叫蒲曼的少年在自己的日记中记下了这样一段和笛卡尔的对话。他指责笛卡尔关于恶神的假设是矛盾的,因为要是他能够肯定恶神是大自然的创造者,那它必然是全能的,要知道全能者可都是至善的。笛卡尔回答他说,他必须在自己所说的话前面加上一句:"如果可以这么说的话。"很明显,这是一种让他收回怀疑自明的说法。因此,一件具体事物的自明是不容怀疑的。

说到怀疑,就不得不提到圣奥斯丁,他曾经说过:"如果我错了,那么我存在。"他用这句话来攻击怀疑派。学者对这两种怀疑的区别看法不一。欧若蒂[②]就认为笛卡尔的怀疑是现象的,而奥斯丁的怀疑则是形而上的。谢各明[③]认为奥斯丁的怀疑属于心理层面的,而笛卡尔是认识论的。奥斯丁的怀疑是事实的,而笛卡尔的怀疑是理论的。奥斯丁的怀疑是针对具体的例子的,而笛卡尔的怀疑是对必然的假定,是一切真知的胚胎。

"我思"其实就是自明,就是思想的主体对其自身存在的意识。换言之,是人的心灵对于自身存在的透露。这自明是来自于我内在的"思",和"我"的一种关系。因为这层关系,"我思"和"我在"之间有了直接的沟通,即彼此之间都有等同关系。这种关系的建立,不依靠其他的未来原则。它的原则和它的保证,都来自于这种等同自身。

假设我们想再进一步分析自明律的话,以及"自明"和"自我"的关系,就应该说"我思"就是"我看",即我看见我在思想。"我思"是第一存在的真理,第一个由观念出发的领导者。有了它,才会允许我们演绎出其他的存在。这样从数学出发的自明规则,在这里被证明了它所具有的普遍性,并适用于一切知识,还找到了最彻底的说明。不过,最真实准确的根基还是不如推出一个至善的不变的真理。我们还不能拿出任何绝对的,真理的凭据。

063 "我思"的性质

　　究竟什么是"我在"?"我思故我在"这话,已经把"我思"和"我在"的关系说得很清楚了,也多多少少道出了"我在"的性质。很显然,"我在"指的不是单纯身体的存在,在我思的同时,根本没有机会考虑到身体存在的问题,所以它没有肯定身体的存在。"我在"应该说的是思想的存在,就是"怀疑"的存在。"我在"说的存在和我的"思想"以及思想的动态之间有一定的关系。我所想到的事物和我所感觉到的事物可以根本不是一回事,但是我的"想"、"觉"、"了解"和"愿意"等,却都是不可否定的事实存在。因此"我思"说明"我在"是思想的存在这点是毋庸置疑的,它指的是精神、智能和理智的存在。即便我所能看见的这张纸可能已经不存在了。只能说"我思故我在",却不能说"我在故我思"。因为按照上面说的,"我吃故我在"也就不能成立了,实际上它说提到的"我吃"和"我在"都是幻想罢了。不过说了"我思"就不能没有"我思",要不然一切都没办法肯定了。所以说,"我思"应该说是处于一种很超越的情形之上的。一旦肯定了"我思",却没有实际的思想存在，那显然是无比荒谬的。可见"我在"指的是一个意识可以直接把握的思想，而且思想和意识浑然一体，本身就是一回事。对于笛卡尔来说，没有无意识的思想。他把思想定义为："思想一词，泛指我们所能意识到的在心中操作的一切，这就是为何不但了解、意愿和想象是思想，感觉也同样是思想的原因了。"

064　我思与灵魂

"我思"的主体自然是"自我"存在的意识或是自明了，肯定不只是思想的心理现象而已。它必须是一个和思想有关的事物，或可以称作"实体"（substance）。只不过，真正的"实体"的本质，应该只是思想，除此以外别无他物。可见"实体"一词实际上与传统的哲学名词所指的含义是有所区别的，尽管表面上看上去是一致的。传统哲学所说的"实体"说的是实在。笛卡尔所说的"实体"指的是思想的实在性，也就是说"的的确确有思想这回事"。笛卡尔用"我"一词来指代思想的主体，并不是因为除了"思想"以外，或是在"思想"背后还隐藏着一个什么神秘的，不可知的因素——"我"的存在。他之所以用"我"，说白了，就是因为"思想"行为和"存在"之间存在着自明关系，也就不存在所谓的隐含着的实物问题。所以作为思想的主体的我除了是一个"自知存在的思想"以外，就不可能是其他的了。

显然，笛卡尔肯定的"自我"本质上就只是思想而已⑩。他也会称"自我"

为"心"或者是"灵魂","思想本身由于是存在的原则,因此它的本质和属性就只能是思想"。这样说来,灵魂就必须时时刻刻是思想,而实际上在笛卡尔看来,它的的确确常常只是思想。

"我确定,人的灵魂无论在什么地方,即便是在海底,也离不开思想。我之所以这么肯定地说,是有自己的道理的。因为我已经证明了灵魂的本质就是思想,这就好比物体的本质是扩展一样。人们是不是想获得比这些更为确定,更为真实的证明依据呢?任何一种东西都有其本质,因此,我认为不该去相信有人说自己的灵魂是没有思想的,只不过是他忘了自己还有思想罢了。就仿佛我不相信有人感知不到自己的肉身可以扩展,因此否认自己的肉身可以扩展一样。不过,这不是说我就相信还在母亲的肚子里的孩子已经可以开始做一些形而上的默想。相反,要是你愿意让我做一个证实不了的猜测,(我想说)既然从我们的经验到我们的精神,都是和我们的身体如此紧密地结合在一起,已经几乎到了相互依存的地步,那么一个成年人或者说是一个健康的人的精神,他的行动就必然带着某种自由,能思考一些和感官提供的事物相区别的事物。只不过这种自由在病人、孩子、睡着的人身上是体现不出来的。一般情况下,年纪越小,自由也就越是体现不出来。所以最为合理的说法应该是,与初生的婴孩的身体结合的灵魂,只有痛、痒、热和冷的模糊感觉,以及一些与身体初结合而产生的观念。这个时期,他的内在,也就是自我,还有一些自明的真理观念,不会比一个不重视自我存在的成年人少。正因为如此,这些观念不是随着年龄的增加就一定增长。一旦灵魂脱离了肉身,就会立刻发现它们是在自己的身上①,对于这一点,我并不感到疑惑。"

"我相信灵魂常常和思想在一起的原因就和我相信光常常普照大地的原因是一样的,尽管注意到这一点的人并不多。还和我相信热常常是用来温暖大家的理由也一样，尽管没多少人靠它来取暖罢了。总之，一个事物存在着，一切组成该事物的本质属性也同样一起存在。所以，当有人说灵魂停止思想的时候，我更倾向于说它已经停止存在了。我很难去说灵魂没有了思想还能继续存在这是怎么一回事。㉝"

"灵魂似乎必然常常和思想在一起，只因构成它本质的就是思想，这和构成物体本质的是扩展一样。你无法想象思想是灵魂的一个可有可无的属性。㉞"

这些话足以看出笛卡尔是很肯定人有天生的观念的。

"灵魂的永恒在于思想，但是为何我总感觉不到它的思想呢？这是由于它在身体的影响下分心的缘故。要是它始终处在一个纯精神的状态，那么它就会立刻清晰地、明显地抓住一切内在的观念，因为它们才是灵魂的真正的构成元素。这些观念现在看起来这么模糊不清，就因为灵魂和身体结合之后，灵魂的注意力一下子从内在的观念转移到了它的外在模式上，诸如病痛或是冷热。"

065 思想的属性与模式

笛卡尔把思想分成了两种情形，即属性和模式。思想的属性和实体等同，而思想的模式情形就是思想的各种形式。他说："思想的模式各不相同。比如肯定是思想的一种模式，它就和否定这种模式有所不同，其他模式也是如此。但是思想本身不能只视为一种模式，因为他是内在的原则，这些模式都由它产生，并依附着它。因为只有它才是构成实体的本质。"但凡属性是可以独立存在的，可是模式就无法脱离属性单纯存在了。

"尽管我们都知道一个没有模式的实体，但是却对它的了解不甚清晰，除非我们同时对有模式的整体一样有概念。""你绝不可能去了解一种模式的性质，除非它存在于观念中，这观念同时也包含了这种模式。"我们了解实体是通过属性，它就好比是实体的替身。笛卡尔在这里把它和实体等同起来。但实际上，实体和属性之间还是有区别的。比如，一个以属性为依据的组合物体。"一个组合物体通常包含了两个或是两个以上属性，它其中的任何一个属性我们都要有清晰的概念，而且无需借助其他属性。事实上，每个属性都是独立的，不需要依靠其他属性的支持就会被了解。而且不应该将第一构成元素视为别的属性的模式，它就应该是一个独立的物体，或是独立的某种属性。即便该物缺少了这种属性，它仍然可以存在。"单纯的物体属性就只有一个，而一种物体的模式的多少和它是否是单一属性没有太大的关系。"单纯的物体，就是一个没有上述属性的物体。我们所了解的主体如果只有扩展，尽管它扩展的模式多种多样，它仍然是一个单纯的物体。同样地，我们所认识的主体，思想的多样性和它的单纯性之间也没有必然的联系。"

笛卡尔把属性和本质视为同一种东西，可以说是将本质现象化或是具体化的做法。他把形而上学转化成认识论，这点无疑是近代哲学的特色所在。紧接着，他又采用模式来替代传统哲学中所说的附体。不同的地方只是在于传统的附体是构成个体的依据，而模式缺少这方面的性质。

066 **灵魂与真理**

按照传统哲学和士林哲学的说法,精神体是显而易见的,容易感知的,而物质体却是模糊的,不易辨认和理解的。就这个观点而言,笛卡尔哲学以"思想"和"自我"最为最先的自明,好像还和传统哲学的思路有一定的一致性。但仔细想想,就会明白所谓的相似或是一致性不过是停留在表面而已。

依据传统哲学的说法,灵魂或是理智从本质上来说都有理解一切真理的能力。只不过一辈子它都不会和真理面对面,它是注定要和肉身在一块的。此外,它作为一个个人的存在也和它和肉体的结合有关。因此,它对世间一切事物的感知都来自于感觉的直接感知。而对精神体的理解,也是借助于可感之物来完成的。所以,传统哲学一方面把肉体描述成精神的障碍,不允许灵魂依据自己的本性去汲取真理;另一方面,世间的灵魂对精神体的认识只能是简洁的。一旦它离开感觉,它所获取的认识就会沦入空虚,变得不切实际了。士林哲学有句俗语:"但凡不先于感觉存在的,就不可能存在于理智当中。"灵魂要是想把自己解救出来,就要先摆脱肉身的约束,与真理面对面。那么这只有来生才做得到,在另一个超乎现实的宇宙和生活环境中才可能实现。

笛卡尔的理论则与之完全不同。依照他的说法,灵魂有一个本性是和其他一切都有区别的。不过,这种本性不是普遍存在的,或是处于潜能状态,当然也不是一种可成为现实的单纯本性,而是一种实实在在的本性。对它来说,你不能像想象日常看到的一切物体那样,先想象它有本质,后想象它有存在。它存在在这世间,不是为了和肉体结合,它也不受肉体的限制,而是为自己所限。这灵魂的本质就是"思想",思想自己的"思想"。因为思想自己会发现自己的缺陷和不完美,所以灵魂可以在自己身上悟出一切,认识一切。在这方面,肉体是无能为力的,它是无法增加知识能力的。限定它的,只能是它自身的内在观念。因为它的本质就是思想,所以把它称之为思想的本质,而它的观念都是天生的。感官对于理智来说是没有任何作用的。而"但凡不限于感觉存在的,就不可能存在于理智当中"的说法,就会被笛卡尔所摒弃。

思想的对象是观念,它只要在自己的内部观察自己就可以了,不需要借助任何外在事物。而它所观察到的尽管由于灵魂本身的局限并不是完整,但已经足够清晰和明显了。另一方面,它也不受肉体的限制影响。身体是遮蔽不了理智的。让理智无法看清的最多只能是一些较为模糊的概念。感官上的模式,会吸引灵魂的注意力,让它分心,心不在焉,从而不能很好地观察自己。产生这种模式,灵魂是控制不了的,但是它可以自由地转移自身的注意力,或是把注意力转回明显的观念上。这样的话,我们就可以在人世间完成一项救赎工作,去正面面对真理,不需要等待死亡将我们从肉身中救赎出来,就可以去直接认识真理了。所以,天主教的教义说道,世间众人无法正视真理是天经地义的事情,仿佛是不可抗衡的一件事。对笛卡尔来说,这不是一件不可能的事情,稍微有点小困扰而已,单凭自己的一己之力就可以克服过去,不需要借助超自然的能力来帮助我们。

067　我思与身体

笛卡尔从"我思故我在"中定义了"我"就是一个思想的事物,或者也可以称"我"为实体或是灵魂。不过,之所以可以称为实体,原因就在于它的存在是无需身体支持的。所以,他肯定了灵魂是思想的实体,他的意思是,人灵魂的存在和活动,都不需要依赖身体,它自己本身就可以成为自身活动和行为的充分理由。笛卡尔在这里引用了亚里士多德的哲学名词来发表自己的哲学观点,虽然语义上是有些欠妥的。亚里士多德所说的灵魂是一个有机体的生活原则,而笛卡尔则是从"我思"中推演出来的灵魂,和有机体的生活原则没有关系,而是独立的精神体。笛卡尔在形而上默想中,将其称之为"我"或是"我的精神"。我觉得这种称法才比较准确,毕竟精神和肉体是两个完全不一样的概念。当我怀疑自己的身体是否存在的时候,"我的精神"的存在是毋庸置疑的。不过,这么说不代表灵魂就是自己单独存在的,只能说明灵魂可以不依附身体而存在,没有了身体,灵魂也是可以存在的。事实上,笛卡尔认为在我们还没有意识到自己身体的存在时,就可以确认了自己灵魂的存在,并且还应该有灵魂的观念。这已经说明了灵魂和肉体是相互独立的,而且还是彼此对立的。

068 灵魂的观念

　　笛卡尔不是灵魂观念的首创者。在他之前就有不少人提过这个观点，还将其称为精神体，是与物质体相对立的生命原则。只是在他之前，没人把灵魂如此单独地进行思考，孤零零地被拎出来，就像是被遗忘的可怜虫。依照笛卡尔的说法，灵魂是自存的，它借由思想存在，因此，灵魂就是思想。之所以说灵魂是思想，是因为它的本质就是思想，而且非思想不可，是不受外界的刺激和影响的。如果我们说思想是外界的事物，还和外界的事物发生了关系，那这是一种错误的观点。因为灵魂是思想，只是因为它们内在有自己的观念，并且思想中的一切条件。所以，只要它反过来对自己有所诉求的话，它就能明白自己和自己的一切了。它无需借助他人的帮助，就算是他人想帮也帮不上。所以"我"能够认识自己和其他的一切都是在一个自给自足的系统中完成的。这种说法给莱布尼茨的单子原则做了铺垫。单子内在的变化和外界的变化原本就有了协调好的约定，彼此呼应。这个认识论的观点对当时的人来说，是一个很大的挑战。因为传统哲学认为，灵魂是身体的形式，还称它为人的形式元素，而认识行为是灵魂在外界影响下而产生的产物。

　　为了保留传统哲学中心物结合的说法，笛卡尔很巧妙地应用了"混合"一词来说明这种结合的性质。不过再细细研究笛卡尔说的"身体"，就不难发现它是被强加给灵魂的东西，和灵魂是格格不入的。身体和灵魂绑定在一起，严重违反了他们各自的本性。依照笛卡尔的说法，灵魂是可以单独存在的完整实体，如果这么说的话，那么身体对它来说就是个附着体或是一个偶有之物。可是按照亚里士多德或是托玛斯·阿奎纳的说法，身体是因为有了灵魂才成为一个实在的人，所以灵魂是人之所以为这个人，而不是他人的原因就在于身体的存在。也就是说，灵魂让身体成为了人，而身体反过来让灵魂成为了确定的一个人。所以它是"你的"而不是"我的"，或是其他什么人的。灵魂和身体都是不能分别纯爱的。之所以它们成了实体和存在，是灵魂和肉体共同作用的结果。这是亚里士多德和托玛斯的观点。笛卡尔的观点是，灵魂本身就是一套完备的且可以单独存在的系统，存在于自身，并且它只为了自己而存在，是为自己而出现的个别创造，没什么普适性的灵魂存在。灵魂就是一个个独立的个体，一个个独立的精神个体。中古时代困扰士林学派，始终没有明确答案的问题，也就是个体化问题，在笛卡尔那里就称不上是一个问题了。

069　其他定义

此外，笛卡尔也设法保留了其他一些名词，像是模式等等。不过，笛卡尔认为它们不属于纯粹的灵魂，是心和物的混合物。实际上，他说过这些模式——知识灵魂的模式，与身体的模式相对应，这一点在他的二元认知论中可以证明。根据二元认知论的说法,因为身体的模式是一个含糊不清的概念,所以他是不会用身体的模式来思想的。为了认识就要重回内心,在那里找到概念。传统哲学的观点是,认识是心和物同时作用的结果,而笛卡尔则认为认识就是灵魂单独的工作,且灵魂完全独立,不受外界影响。它获得真正认识的时候就是它脱离外界的时候。

第四章

斯宾诺莎

——幸福是德性自身

070 构成人心灵的对象

人是由心灵和身体两个部分组成,而人的身体的存在就方法我们可以感知的那样。

所以,我们不但要认识到人的心灵和身体相互结合,还必须明白怎么去正确理解这二者的统一。但我们已经在此前证明过,人们在对身体的本性还未了解之前,是无法正确地明白什么是身体和心灵的统一的。这是一个适合于一切事物的说法,适用于人也适用于其他的很多事物,这是因为一切事物的个体都是有心灵的,只不过在程度上有所区别罢了。任何一种事物的观念都必须存在于神的内部,神是这个观念的原因,就像是人身体的观念也是存在于神内,也以神为这一观念的原因。所以但凡我们说关于人身体的一切都必须适用于其他事物的观念。只不过另一方面我们也必须承认观念和事物本身一样,各有各的不同,一个观念有可能会比另一个观念更有包容性,更加完美。为了判断人的心灵和其他事物的区别,或是判定人的心灵确实优于其他事物,像是上面已经提到过的,我们就必须先了解人的心灵的对象,也就是人身体的本性。在这,我无法解释这一点,而且这种解释对我们即将要开始证明的东西帮助不大。我简单概括一下,就像是某一个身体和另一个身体比较,它能够更主动地做成某事,或是更被动地接受很多事物,一样地,与它关联的心灵就会比其他心灵认识更多的事物。

或是一个身体的动作和行为对自身依赖的程度越高,需要身体的帮助越少,则与它所关联的心灵也就了解得更清晰一些。于是,我们就可以清楚地了解一颗心灵更胜过另一颗心灵的地方是什么了。同样地,我们也可以了解为什么对于我们的身体而言,只有一些混淆的知识,后面我也将由此推出很多结论。所以我认为上面说的那些道理都值得去证明和解释,我必须首先去估摸一下身体的性质才行。

071　关于认识错误

人人都知道神有无限本质,且具有永恒性,而且万物都在神内,也通过神才被认识。由此可见,关于神的知识可以让我们推出很多正确的知识。另外,关于这种知识的价值和效用,我们将在本书的后面讨论。至于我们关于神的知识不像我们所拥有的共同概念那般清晰,是因为我们无法像想象其他物体一样去想象神,又因为我们会习惯把我们自己所看见的事物形象附着于神的名词上。这种错误会因为我们的身体不断被外界物体的刺激一再出现。事实上,大多数的错误都和名词的含义没有准确地和事物本身相结合相关。假如有人说从圆心到圆周所画的直线是不等长的,那么他所了解的圆的特性就在当时和数学家所了解的是两码事了。同样地,当人们的计算有了错误,那么他们心中的数字就和他们写在纸上的数字不一样了。所以,单单就他们的心灵来看,其实他们都没有错,纵然看起来好像是他们错了,这只是因为我们以为他们心中的数字和纸上写的数字是一样的。要是我们不这么去揣测的话,我们就不可能相信他们的错误,那就好像是我们听见一个人大叫他的庭院飞在他邻居的母鸡身上时,我们是绝不会相信他是错误的,毕竟他们的真实意思我们是了解的。其实,这也就是众多争论的起源,不是人们没有表达清楚他们所要表达的意思,而是因为不了解他人的思想造成的。当他们彼此辩论到最激烈的时候,究其本质,就会发现不是他们的思想完全有分歧,而是他们的思想从一开始就互不相干,根本不存在争论的必要,他们所谓认识到他们的观点错误或是不通的地方,其实也都不是他们所想象的那样。

072 我们的心灵有时主动,有时被动

在每个人的心里,有些观念是正确的,而另一些观念就是歪曲的,混淆的。但凡是心里认定是正确的观念,在神那里也应该是正确的,而在心里认定是不正确的观念,在神那里却也是正确的,只因为神自身不只是包含了这一个心灵的本质,它所包含的是众多事物的观念。再来,一个观念都会必然有其他的结果由它产生,而神被认为是构成这个观念的东西。只不过神也是这个结果的原因罢了。神构成了每个人心中的正确观念,而且心灵是产生结果的正确原因,所以,我们的心灵只有有正确的观念,就不可能是被动的。这是我们要去证明的第一点。也就是说,如果心灵有不正确的观念的

话,那必然就是被动的,这是我们要去证明的第二点。所以我们的心灵有的时候是主动的,有的时候是被动的。

可见,心灵具有的不正确观念越多,就越难摆脱情欲的支配,反之,它就显得更加主动。

073　心灵的主动和被动

起初构成人心灵的本质的元素不是被动的,就是一个个现实存在着的身体的观念。这个观念是众多观念组合而成的,而这些别的观念有的是正确,有的是不正确的。所以,任何以心灵为最近因的事物,都是从心灵的性质产生出来的,而且必须是通过心灵才能被了解,所以,那必然是处于一个正确的观念或是一个不正确的观念。不过,要是心灵有了不正确的观念的话,我们上面说过的,心灵会显得很被动。

可见,被动的情感总是和某种包含着否定的东西的心灵脱不开关系。换句话来说,被动的情感和这样的心灵相联系,心灵是自然的一个部分,如果不与其他东西有关联,单单说到它本身的话,是不容易被清楚地感知的。用相同的方式,我们能够指出被动的情感同个体事物间的关系,就像它和心灵的关系一样,这是无法被其他方式所感知的。只不过我的目的在于讨论人心就是了。

074 快乐和痛苦的原因

假设心灵可以同时被两种情感所打动,那么心灵活动的力量就会因为其中一个情感而有所增加或是减少,但对于另一个来说,它却会影响到心灵活动力量的增加和减少。依照前面提到的那个命题来说,心灵后来会被前一个情感的真正原因被感动,而且这个真正的原因本身是无法影响心灵的力量的增加和减少的,那么心灵就会为另一种情感的感动,为它的变化而增加和减少自己的力量。这么说来,心灵将会感受到快乐或是痛苦。由此可见, 一个事物之所以快乐或是痛苦的真正原因不在于它本身的性质,而是因为一些偶然的因素。这就说明了同一个事物为何总是容易被一些偶然的因素引起欲望了。

如果单纯就我们考察那些被某些情感引起快乐和痛苦的事实来看,虽然事物本身不是快乐或是痛苦的直接来源,但是我们也可以充分感受到自己对那个事物的爱与恨。

这个事情之所以存在可能性,就是由于心灵还在想象着某物,并由此引起了快乐或是痛苦的情感。这么说的意思就是心灵或是身体的力量曾经有所增加或是减少。因此,心灵愿意想象那事物或是不愿意,也就等于心灵爱那物或是恨那物。

现在我们明白了到底是为什么我们会爱上或是恨一种东西了,但是我们不清楚为什么这些原因是厨子所谓的"同情"或是"反感"。此外,还有很多东西它们引起了我们的快乐或痛苦,只是因为它们同我们平常感到快乐或是痛苦的事物相似,或是同类。诚然,我知道我最初引用"同情"或是"反感"这些字眼的作者,他们的意图在于用这些事物来表示某种潜在的性质,但是我相信这些字眼还可以被我们用来表达一些显现的,众人皆知的性质。

075　事物意象带来的情绪与时间无关

不管一个人是因为什么事物而感到激动,即便那东西根本不存在,他也会自然而然地认定它就在眼前,而且当那物体的形象和过去或是将来的时间意象结合的时候,他就会想象那事物是存在于过去或是现在。因此,就单纯的一个事物的意象本身来说,不论是和什么时间点相结合,它都是一样的。这就是说,不论它的意象属于过去、现在还是将来,它对人来说所引起的快乐或苦痛是相同的。

这里,我称一个物体是属于过去还是将来,只是就我们过去、现在或是未来将有可能因为这物体而感到激动来说的。比如,我曾经看到一个物体,或是将要看到一个物体,就是指那些可以增加我们的力量或是将要增加我们力量的物体;还是曾经伤害过,或是将要伤害我们的。因为一旦我们想象的那个物体是那样的,那么我们就可以肯定它的存在了,也就是说,但凡我们感受不到某物体的存在的话,就不会由那物体引起我们的任何情感。所以物体的意象所引起的身体上的感受与那个物体就在眼前的效力是一样的。但是由于有经验的人每每在想到某一个物体的过去或是将来的时候,总是摇摆不定,大多数情况下他们会抱着怀疑的态度。所以,这些物体的意象所引起的情感是不稳定的,而且很容易被其他事物的意象所扰乱。只有当我们对这个物体的结果非常明确的时候,对它的情感才能够相对稳定许多。

就上面说的这些,我们可以了解到希望、恐惧、信心、失望、愉快和悔恨这些情绪的性质。希望就是那种为将来或是过去的事物的意象所引起的不稳定的愉悦情绪,而我们仍然怀疑这一事物的结果。相反,恐惧就是一种对很可疑的事物意象导致的不稳定的痛苦。要是把怀疑从这种情绪中都清除掉的话,那么希望就会变成信心,恐惧就会变成绝望。也就是说,它们会变成我们所希望或是恐惧的事物意象所引起的快乐或是痛苦了,欣慰呢,就是一种由过去的事物意象所引起的快乐,而我们仍旧怀疑这一事物的前提。悔恨就是一种和欣慰相反的痛苦了。

076 感到快乐就必须存在

我们要尽可能地去想象那些足以让我们增进快乐的事物。也就是我们必须努力把它认定是在眼前,或是说是认定它是真实存在的。不过,心灵或是思维努力的力量和身体努力的力量是一样的,而且就性质而言,两者是同时的。所以,只要是可以引起快乐的,我们都尽力去让它存在,就是说我们会去努力追寻它的存在。这是我们必须证明的第一点。第二点,假设我们因为想象一个物体而感到痛苦,也就是说,但凡我们憎恨的东西一旦被摧毁,我们就会感到无比的快乐,所以我们总会尽我们自己的努力去消灭这些让我们感到痛苦的东西,设法去排除它的存在,让它彻底地远离我们,最终感觉不到它们的存在。这就是我们必须去证明的第二点。所以,只要让我们可以通过想象感到快乐的东西我们就会努力去实现,反之,我们就会去消灭。

077　快乐和痛苦与爱与恨的情绪成正比

痛苦减少或是阻碍人活动的力量,就是说痛苦会让人有意地去保存自己欠债的力量,所以,痛苦和自我保护的努力是相对的。如果有人感到痛苦,他首先要做的就是去除掉自己的痛苦,但是痛苦越大,他所需要的用来反抗痛苦的力量就越大,所以他就要努力去去除掉痛苦所需的活动力量,他所需的去除痛苦的欲望和冲动也就必须越强。再来,快乐可以增强人们的活动力量,同样地,我们也可以证明,一个感觉快乐的人除了希望保持快乐的欲望以外就没有别的欲望了。而且他的欲望大小是和他所享受到的快乐多少成正比的。最后,既然爱和恨本身就代表了快乐和痛苦的情绪,由此可知,爱或是恨越强,则因为爱或恨引起的努力、欲望或是冲动也就越大。

078 迷信是这样产生的

只要是可以偶然成为希望或是恐惧的理由的东西,都可以被称作好的或是坏的预兆。预兆是可以成为希望或是恐惧的理由,同时也是快乐和痛苦的理由,所以,我们对这些预兆有爱有恨,并且还会努力去利用这些预兆,将它们作为一种工具用来获得我们所希望得到的东西,或是排除我们所不希望见到的障碍或是恐惧。再来,人的本性总是相信我们所希望得到的东西,而对所恐惧的东西是难以置信的,要不就是将其看得太重,要不就是太轻。各式各样蛊惑人心的迷信都是这样产生的。

我想在这里我就不用去花太多的精力解释希望和恐惧会引起内心多少的不安,因为这些可以从对这些情绪的定义发现。没有不包含恐惧的希望,也没有缺少希望的恐惧,我会在适当的地方去解释这一点。因为只要对某种东西抱有希望或是恐惧,那就必然对它有所爱或有所恨。因此此前说过的关于爱和恨的每一句话,都可以用来讨论希望和恐惧。

079 克制情感的力量

　　根据前一个命题我们讨论的,众多不同类型的情绪主要包含了:好吃、酗酒、淫欲、贪婪和虚荣。这些情绪不外乎是爱或是欲望的概念,并且根据这两个概念和情绪相关的对象就可以用以解释这些情绪的性质。因为好吃、酗酒、淫欲、贪婪和虚荣,除了针对的是美味、醇酒、性交、财产和容易这些事物的无节制的欲望以外,就没有其他的了。再有,单纯就和这些情绪相关联的对象来区分它们的性质的话,我们是看不出与之相反的情绪的。通常情况下,我们提出来用忍耐克制好吃、好酒和好色的清醒和节操,既不是情感,更不是被动的情感,而是显示了心灵可以克制这些情绪的力量。

　　其他的情绪,我就不一一列举并加以解释了,因为数量过于庞大,种类也过于复杂。就算是可以解释,也没太大必要。毕竟我们的目的在于判定情感的力量和心灵克制情感的力量。只要可以对一种情感下一个普适性的定义,那就已经足够了。我说过,只要了解心灵和情感的共同特质,就可以用来断定我内心的力量有多大,还可以用来克服并控制情感,这样就足够了。所以,虽然种种爱和种种恨之间有很大的区别,就像是对孩子的爱和对妻子的爱是有不同的,但是我们无需去分辨这些区别,也没必要去研究这些情感的性质和起源了。

080 情绪是快乐和欲望的产物

　　和具有认识能力的心灵相关的情绪中产生的一切主动的行为,都是精神的力量。精神的力量可以分为意志力和仁爱力两种。意志力指的是每个人在理性的命令下,用意志控制自己的欲望。而仁爱力则是每个人在理性的命令下,努力通过帮助他人来获得他们对自己的友谊的欲望。所以,一切的行为它们的目的都是为了给行为的施动着谋取各种利益,这便是意志力的作用。而一切为了他人谋利益的作为即是仁爱力。像是节制、严整、行为机警等,都属于意志力一类,而谦恭、慈惠是属于仁爱力的。

　　现在,我愿意相信,欲望、快乐和痛苦三个最原始的情绪组合而成的许多人的重要情绪,我已经解释得很清楚了,而且我还解释了它们形成的第一原因。从我上面的叙述中就能明白,在许多情形下,我们会因外界的干扰徘徊动摇,看不清自己的前途和命运,犹如海中的波澜一般被相反的风力所动荡。但我也说过,我只解释主要的心灵矛盾,不可能去解释一切的心灵矛盾。根据我们上面所采用的方法,很容易就会发现,爱与悔恨、轻蔑、羞耻等结合的话是什么情形。不过,我还是相信我已经把一切都解释清楚了,人人都会明白情感有多种组合的方式。在这诸多的方式中,有诸多属类。而这些类别的数目是无限的。为了符合我的目的,我们必须要将众多的情绪一一列举,然后一一考察就可以了,而且其他那些我没有提到的情绪,虽然一一解释的话可以满足不少人的好奇心，但是和中心没太大关系，就不赘述了。关于爱，常常会有这么一个观点，我们必须指出来，那就是当我们在享受着我们所希望得到的东西的时候，身体就会因此呈现出一种全新的状态，而这种状态给予身体的影响是特别的，它会在身体中激起其他东西的形象，而且心灵也会因此立刻浮现他物的想象，还产生相应的欲求。就比如，当我们想象美食可以给我们引起的快感的时候，我们就希望去享受它，去吃它。可是真正在享受美食的时候，肠胃饱食了以后，我们的身体就开始产生变化了。身体既然已经发生了变化，那么关于美食的形象以及对美食的欲求要是仍然保持不变的话，那么身体的新状态就会对美食产生厌恶的情绪。所以我们此前要求的美食，到了此刻反倒是觉得厌恶了。这便是我们说的厌倦。

此外，身体外在的感受，诸如颤栗、失色、啜泣和大笑等情感也可以观察出来的状态，我只字未提，只不过是因为这些感受只和身体有关，和心灵没太大关系。

081　骄傲和骄傲的反面

由此可见，骄傲和过奖是不一样的。过奖是过分地抬高一个外在对象的做法，而骄傲是一个人自己把自己看得太高的做法。过奖是由于爱别人而产生的，骄傲便是爱自己的结果和特质而产生的。所以，骄傲可以说是因为自爱或是自满而导致的一个人自视太高的情绪。就这点来说，骄傲是没有反面的情绪的，没有因为恨自己而把自己看得太低的情绪，就算是有人有时看低自己干不了这个干不了那个，也不会把自己看得太低。因为即便他认为自己做不了那些事情，他也会觉得这是很正常的。于是，他在这种想法之下，就不去考虑他做不了的那些事情了。因此只要他觉得自己做不了这个那个，那么他就不会去做这些事情。但是要是我们就单纯从意见上来看，有的时候一个人过于重视自己的软弱，就会觉得别人都在轻视他自己，即便众人并没有这个意思。此外，一个人如果他否认了那些不确定的事情和他有关的话，他也会把自己看得很低。就比如，要是他宣称他无法去想象任何无法确定的事情，除了那些十分邪恶卑鄙的事情，他已经没有任何欲望或是去做别的事务的能力了。我们还可以这么说，一个人要是看轻自己的话，那么我们看到他过于害羞，拒绝与他人一起去冒险做什么事情。因此，我们可以提出，作为骄傲的反面，这个情绪可以称为自卑心。就像是自满源于骄傲，自卑就源于谦恭。

第 五 章

伏尔泰

——是不幸造就了幸福

082 空想的至善

幸福是若干个快乐感觉组合而成的抽象概念。柏拉图是善于写作强于思考的人，他臆想出了一个模型世界，就是本原世界。他臆想了关于美、善、秩序和正义等众多观念，而我们在世间所面临的正义、美和善等观念都是对其概念的不完善的模仿。

因此，哲学家们曾针对他所提出的观点对至善进行讨论，就好像是化学家去寻求点金石一般。但是世界上并没有至善存在，就好比是没有至上的方形，至上的紫红一般。世上确实存在紫红色和方形，但是根本不存在名为紫红和方形的一般的事物。这种空想式的推论对哲学的伤害已经是由来已久了。

083 幸福随处可见又无处可寻

动物会因为它们可以发挥自己的机能而感到无比快乐。人们想象中的快乐也是接连不断的，其实这样无休止的快乐和我们身体的各个器官，和我们的目的之间并不相容。饮食固然会给人们带来乐趣，两性的结合也是如此，但是如果人们总是在不停地吃和贪恋情爱的话，那他的身体就会吃不消，那这么一来就无法满足生命的目的了，人们也会在欢乐中死亡的。

无节制地追求快乐，到头来只会是一场空。怀孕的妇女最终要分娩，这是一种痛苦，而男人必须劈柴猎食，这是另一种痛苦。如果可以把生活中散落在各地的快乐统称为幸福的话，那么幸福是随处可见的。如果一定要是长长久久的快乐才叫做幸福的话，那么在这个世界上幸福是不存在的，请到别处去寻找吧。

084　谁苦谁乐，盖棺定论

若是把人的境遇，像财富、权势、声望之类的，都称作幸福的话，这也是不对的。其实有时候烧炭的会比国王感觉更加幸福。要是有人问克伦威尔在当英国护国官的时候感觉幸福还是青年时代的他出入酒馆时更幸福，想必他一定会说在专政时期任官职的他更不幸福。要知道有多少容貌一般甚至是丑陋的女子要比海伦她们来得更幸福！

不过，要稍加注意的是，假如我们说，可能某人比某人幸福，像我们说可能一个年轻的骡夫的生活要比查理·昆特幸福得多，一个女帽商的生活要比一位公主来得更称心如意的话，就一定要注意有"可能"两个字。一个身体健康的骡夫自然是比被风湿病折磨着的查理·昆特要幸福得多了，这是显而易见的。但是也有可能这位拄着拐的查理·昆特,曾经因为囚禁过一位法国国王和一位教皇心内无比的得意,这时的他的生活和命运就远远胜过那个身强体壮的骡夫了。

来假设阿基米德在某个夜晚约会了他的情人。而诺门塔努斯也在同时跟苏西尼派(Les Soclniens)意大利新教徒苏西尼(Lelio Sozzini,1525—1562)这个女人有约会。当阿基米德来到这个女人家门口结果却吃了闭门羹,因为这个女人已经接待了他的情敌,并且让他吃了顿丰盛的晚餐。席间,他的情敌不时嘲笑阿基米德一番,还和这个女人打情骂俏。此时的阿基米德只得在街头流浪,餐风露宿。这个时候的诺门塔努斯就有权力这么说:"今晚,我要比阿基米德幸福得多,我还比他快乐得多。"但是他还必须补充上这么一句:"要是阿基米德只是因为没吃上顿饱饭,没有美人与之约会,或是被情敌取而代之,或是淋了雨,受了凉而感到苦恼,我觉得一定不会的。"这位哲学家在流浪街头时心里一定不会只想着那个可恶的女人,或是打在他身上的雨水,这些都无法去扰乱他的心灵,如果他当时还在思考一个美妙的问题的话,如果他发现了圆柱体和球体的比例的话,那么他会极容易感受到一种快乐,这要比诺门塔努斯的快乐强上百倍。

只有在眼前的快乐和痛苦当中,还可以抛开一切不去考虑,真正意义上去比较两个人的命运。无疑,能跟情人打情骂俏的人要比那个被情人所轻视的情敌幸福许多。身体健康的人吃上一只上品竹鸡的时候,比一个肠胃绞痛的人自然是幸福得多。不过,要是超出这个范围的话,很多东西就说不准了。例如不能把一个人的生存状况和另外一个人的近况进行相比,那根本就没有可以衡量的天平。

我们笔下的这篇文章是从柏拉图和他所提出的至善起笔的,结论就要引用梭伦的那句传诵一时的伟大名言:"谁苦谁乐,盖棺定论。"这句名言和古代的许多名言很类似，看起来像是一句孩子气十足的话。人的死亡和他的一生的遭遇是没多大关系的。人死的时候可以很惨，但是在生前他却享受了所有的快乐。一个享着福的人突然倒了霉，这也很正常，经常发生，谁会不相信呢?可是，人们却不因此就否认这个人确实是个曾经享过福的人。

梭伦的这话是什么意思呢?一个人今天快乐，明天就不一定还是快乐。就这么说的话，这话显然是在老生常谈，不值得一提。

085　幸福是稀罕的

幸福是稀罕的。至善在这个世界上难道不算是最大的空想吗?希腊的哲学家们在这个问题上争论了多少年。亲爱的读者，难道你不觉得是一些乞丐们在讨论如何点石成金吗?

至善，这是个什么样的字眼，这已经和问什么是至蓝，或是至味、至行和至读几乎是一样的了。

人人都在各行其善，并且都在尽可能地按照自己的做法行事，来迁就自己。那要怎么去协调这么多不同的脾气，怎么去调和这么多的不同嗜好呢?

没有什么力量会比善来得更有力量让人忘却一些的赏心乐事，就像是恶是让我们失去感觉的最大力量一样。这就是人性的两个极端，而且这二者都是转瞬即逝的。

没有极端的快乐或是极端的痛苦会延续一生的，所以至善或至恶都是空想。干脆将其更名为彼得好了，就是磐石的意思。相传《新约》的彼得前书和后书都是他的作品。拉伯尼一次在法语里有动词 Rabonir 和它谐音，指的是让什么东西由坏变好，就是改善的意思。伏尔泰的原文用的就是 Rabonir 一词，用来说明 Saint Raboni 的由来，这是笛卡尔的理解。在伏尔泰的时代，中学里都在教授这个学说。阿弗内尔克兰托就曾给我们说过一个很美丽的寓言：他让"财富"、"快乐"、"健康"和"德行"都去参加奥林匹亚赛会，要求每个人都要得到苹果。"财富"听后就说："我是至善，因为我可以帮你买到一切好处。""快乐"说："苹果是我的，人人之所以追求财富最终还是为了我。""健康"始终相信要是缺少了它也就无快乐可言了，而财富也成了毫无作用的东西。"德行"则觉得自己凌驾于三者之上，因为有了金子、快乐和健康，要是行为不端之人还是会陷入困难的境地的。最终是"德行"得到了苹果。

　　这个寓言相当地巧妙，要是克兰托说的至善身上具备了道德、健康、财富和快乐四个对手的优秀品德的话，那就更妙了。但这个寓言至终都没有提到至善这个问题。德行算不上是一种善，只是一种义务，它是另一个层面上的品德，是高一级的。德行和快乐还有痛苦是没有丝毫关系的。有高尚德行的人，就算是患上了胆石病或是风湿骨痛之类的顽疾，就算是孑然一身，举目无亲，就算是缺衣少食，被暴君所折磨压制，已经是不幸之极了。而此时折磨他的害人虫却可以在精美的牙床上寻欢作乐，看起来倒十分的幸福。你可以说这遭迫害的贤士要比那无耻的暴君好得多，你可以敬重前者而轻视后者，但你不能否认贤士受困于世，这是要叫人愤怒的。要是贤士不同意你这么干，那必然是在欺骗你，要不然就是他根本就是一个卖狗皮膏药的。

086 关于痛苦

人固有一死，他既逃避不了死亡，也逃避不了痛苦。要让一种天生有感觉的有机物体永远都感知不到痛苦，那么一切的自然规律都必须改变。物质必须是不可分割的，不得有重量、运动和力，总之没有感觉的人和永生不死的人之间又是一对自相矛盾的观念。

这种痛苦的感觉是为了提醒我们自己要保护自己而且还为我们提供了支配万物一般规律所带来的快乐。要是我们感受不到这样的痛苦，那就有可能随时随地把自己弄伤却不知道痛。

没有痛苦的发端，也就没有任何生命功能的执行，也就是说，没有痛苦，我们就感受不到任何快乐。就好像，饥饿是提示进餐的一种痛苦，烦恼无聊是工作的一种痛苦，爱情原本也是一种情感得不到满足而苦恼的痛苦。总之，人的所有愿望都是一种需求，都是痛苦的发端。所以说，痛苦是动物一切行为的最初动机。假如我们认为物质是可分的，那么只要是有感知力的动物都可以感受到痛苦。痛苦和死亡都是必要的。所以我们不能把痛苦看作是上苍给予我们的一项错误举措，也不能说是上苍对我们的嘲弄和惩罚。即便看到身边有牲畜在遭受一些苦难，我们也不会埋怨自然。倘若我们看到有几只白鸽惨死在雄鹰的手中，而且这种雄鹰还很逍遥自在地在吞噬鸽子的肚肠，想想它们干的与我们干的事情不过相似，这样一来我们也不会唠叨了。那么,我们的肉体有什么权利可以不像那些牲畜一样被撕碎扯烂呢?难道只是因为我们的只会高过于它们,可是智慧在这里和分裂的物质的关系是什么呢?我们的脑容量大一点小一点难道就可以组织一块岩石砸死我们吗?

087 莱布尼茨和柏拉图的"一切皆善"

莱布尼茨在他的《神正论》当中同意柏拉图的学说,有很多的读者就曾经抱怨不太明白他们俩的学说。对我们来说,他们的著作也读过好多遍,说实话,我们仍旧茫然。既然新约在这个问题上对我们来说一点启示都没有,我们也就这么将就了,不再去计较太多了。

莱布尼茨讨论过很多问题,也谈过原罪。和其他创立学说的人一样,他常常把所有能驳倒他的观点都收入自己的学说体系中。他想违背旨意,同时也怕随之而来的人祸,都是这个尽善尽美的世界不可缺少的部分,也是真福的构成要素。

"Calla,calla,se or don Carlos:todo che sehaze es por suben."(沉住气,沉住气,唐·卡尔罗斯先生,这一切都是为了你好。)怎么了?如果当初没吃那个苹果的话,就不会被赶出乐园,原本就可以长长久久地在那里生活下去了的!处在苦难之中的自己还要收养一些可怜的罪恶的孩子,他们会因为受尽一切苦难,甚至还会连累他人!患上许多病症,感受种种痛苦,并在这痛苦中死去,而且还要人将其焚化!这些个遭遇都是最好的吗?对我们来说显然都不太好,那还有什么好呢?莱布尼茨因此也无话可答辩,因此他写了厚厚的书,最后自己也莫名其妙的。不承认是坏事,这话也只能有心态平和,身体健康,还能和情妇和朋友在阿波罗客厅中举行宴会的卢古鲁斯笑着说,可是他只要把头伸出去就会看到不幸的人群。只要他得了热病,他自己也会苦恼起来的。

我不喜欢引经据典,总觉得那太过麻烦。人们常常会无视引文的上下文就断章取义,结果争论不休。

088 一切皆善的矛盾

先把话题从第四层天回到博林布鲁克阁下身上来,免得我又混乱了。这个人我承认他确实是个天才,他曾经把"一切皆善"的计划交给著名的蒲柏,这一点我们在博林布鲁克的遗著中的字里行间中就可以发现,这个事情也曾经被沙夫茨伯里编进了他的《特色集》里。请读一下沙夫茨伯里这本书当中论道德家的那一章,你会看到:"抱怨自然界缺陷的话语是很难让人辩驳的。自然界的产生是由一双十全十美的双手创造出来的,怎么可能软弱无力呢,怎么可能残缺不全呢?不过,我否认了自然是残缺不全的……自然的美是在众多的矛盾的对立面中产生的,而万物的和谐是在一种永久性的搏斗中产生的……一物奉献给一物,植物奉献给动物,而动物奉献给土地……中心能力和万有引力的法则,给了各种天体重量和运动的能力,它不因任何一个瘦弱的动物乱了自己的方寸。这些动物虽是完全在这类法则的保护下,但不久以后它也会被这类法则所粉碎。"

博林布鲁克、沙夫茨伯里还有对他们俩的作品加以深化发挥的蒲柏,解决这个问题的办法都不见得比他人更好。他们所说的"一切皆善",除了指出了一切事物都是在恒定的法则的支配之下外,就没有其他的意思了,这点谁不知道呢?你告诉一个孩子,苍蝇生来就是给蜘蛛吃的,蜘蛛生来就是给燕子吃的,而燕子是给伯劳吃的,伯劳是给鹰吃的,鹰是要被人杀死的,人是同类相残的,还被蛆吃掉,最后又被魔鬼吃掉,这种情况一千个人中至少有一个是这样。

这就是动物之间的一个恒定的规律。处处有规律。我的膀胱里长了一块石头,那是一种很惊人的机械力量的作用:先是一些含有石质的液体一点点流经我的血液,随后它们被过滤之后留在了肾脏里,再通过输尿管进入我的膀胱,因为万有引力的作用,就一点点积累起来,慢慢长成了石头,慢慢变大。我因此感到痛苦万分,这痛甚至要比死还厉害一千倍。而这些都是世间最完美的安排。一个医生改进土八该隐原来发明的医术,在我的尿骨里刺进了一根尖锐的铁器,在用铁器的钳头去夹住长在我膀胱里的石头。最终在他的努力下,也在一定的机械力之下,这石头碎了,但这种机械力也让我痛苦万分。"一切皆善",这所谓的一切都是恒定的物理学规律的结果。我同意,我也和你一样明白这一点。

假如我们失去了感觉,那么这种物理学的规律也没什么好谈的了。可是问题不出在这。我想问你,这世界上,难道没有什么东西是可感知到的恶吗?要是优点恶化,那这些恶从何而来?蒲柏在他的"一切皆善"的论述中,在他的第四封信中写道:"什么恶都没有,要是有个别的话,它也构成了普遍的善。"

这个普遍的善是很奇怪的,它居然是由胆石、风痛还有一切罪恶、痛苦、死和坠入地狱构成的。人类的堕落是我们贴在所谓的"一切健康"的身心上的膏药,这是一帖万能的膏药。可是沙夫茨伯里和博林布鲁克总是在嘲笑原罪,蒲柏对此也未多做说明。很明显,他们的学说不过是在基石上挖基督教的墙角罢了,什么都说明不了。

不过,这学说在不久前竟为很多神学家所称道,他们都愿意去接受反面的一件。正巧的是,不用去嫉妒谁会在这个苦海无边的问题上随意推测,只为抚慰自己。已经病入膏肓的人,正确的做法就是他想吃什么就让他吃什么好了。人们甚至还认为这学说是用来抚慰人的。蒲柏说过:"英雄和麻雀的死亡,或是一个小小的原子和千万个星球同归于尽,再或者是一个肥皂泡和一个世界的形成,都是没有太大区别的。"

我跟你说句实话吧,这抚慰实在是太可笑了。在沙夫茨伯里阁下的药方子里,不是已经有一大堆安神剂吗?他不是说不会为了一个微小的动物去变动他那些恒定不变的规律吗?至少可以说这些微小的动物它们也有权力去呼喊,呼喊着要去了解这类规律根本不是为了每个人的幸福而定的。

这个"一切皆善"的说法只会把自然界的创造者塑造成一个强暴不仁的暴君。只要他想要实现他的企图的话,就会不惜牺牲多数人的性命,即便是活着的人也是在饥荒和泪水中度过自己的一生。

089 关于善恶的争论毫无意义

最佳理想世界的想法在安慰人方面是远远不够的,但凡采用这一学说的哲学家都对它大失所望。善恶问题,无论是谁去研究都是一个始终解不开的谜,对于诚心研究它的人来说也没有例外,如果去争论的话,那就只是一场思想游戏了。他们就好比是在被罚做苦役的人只是在玩弄身上的枷锁罢了。不懂得思考的人,又好像是在河里把人家盆里的鱼捞出来一样,从不知道这些鱼是在复活节前吃斋吃的。所以我们不可能知道支配我们命运的原因究竟是什么。

几乎在所有形而上学的文章的篇末,我们都会注上罗马裁判官在听不清诉讼时所采用的那两个字幕:N、L。这是拉丁文 non liquet 的缩写,意思就是"这个不清楚"。这里我们必须特别要强调一下那些缺德鬼、阴险分子,劝他们不要胡说八道,事实上,他们也不例外地和我们一样被人类的灾难所压着,可是他们总是喜欢造谣生事,兴风作浪,因此,我们要依靠信仰来惩治他们。

有些议论家曾经认为万物主宰的本性就不会允许万物万事是现在这副模样,这其实是个很难解决的问题,我知道的不多,不敢轻易断言。

第 六 章

亚当·斯密

——和幸福在一起

090 人的需求

保养身体和保持健康似乎是造物主提醒每个人首先要关心的对象。饿和渴时产生的欲望,快乐和痛苦,冷和热等等这些让人愉快或是不快的感觉,都被认为是造物主亲口训诫的。造物主会指导人们为了达到目的该做什么,或是不该做什么。一个人最初听到的训诫是来自于孩提时期,身边那些照顾他的人的训告。这些训诫大部分都和上面我们说到的那些差不多,主要的目的还是在于保护自己的身体。

当他长大成人以后,他就会明白,那些天性上的欲望,和自己所获得的快乐和规避的痛苦,都需要小心和预见来作为达成这些目的的手段。保持和增加他的物质财富的艺术,就在于这些小心和预见合理的方式的倾向上了。

091 为何谨小慎微

尽管对我们来说,物质财富的第一用途是保证提供我们人体所需要的各种必需品和各种行为的便利,但是,如果我们还不曾察觉到同等地位的人对我们的尊重,还没意识到自己在这个社会上的地位和名誉对我们个人而言意味着我们所拥有的财富,或者只是人们想象中我们所拥有的财富具有决定权的话,那我们就无法长久地生活在这个世界上了。要把自己变成是尊重的对象的愿望,以及自己期望在同等地位的人群当中获得或实际获得的名誉和地位的愿望,也许是我们所有愿望当中最为强烈的一个。毕竟由于我们急于获得财富的心情,要比获得人体所需的必需品的愿望要强烈得多,那些都是很容易获取的,而那个获得财富的强烈愿望才是这些获取生活必需品的简单愿望激发出来的。

我们在同等地位人群中的地位在很大程度上取决于我们自己的品质和行为。有可能我们的行为是一个善良的人想要去完全依赖的,也或许之所以我们被人尊重、信赖是由于这些品质和行为在与自己同处的人们激发了这些情绪。

个人的身体情况、财富、地位和名誉都被认为是他自身舒适和幸福生活所依赖的重要对象。对它们的关心,都通常被视作谨慎这种美德的职责。

我曾经说过,当我们从一个比较好的境地一下子跌落到比较差的境地的话,我们会因此感到痛苦不已,或者是反过来的话,我们就会感到无限的快乐。所以,安全谨慎是这个美德最重要的,也是首要的对象。人们是不乐意把自己的健康、财产、地位和名誉作为筹码都孤注一掷地给押出去,他们宁愿小心谨慎,却不愿意积极进取,对他们来说,更让他们关注的是怎么去保持自己现在已经有的有利条件,而不是去激励自己更多地获得有利条件。我们在增加自己财富方面主要用的方法是尽可能地不让自己遭受太多的损失和危险的方法,我们会在自己所从事的行业当中应用自己的真才实学,在日常的工作当中勤勤恳恳,以及尽可能地节约自己的花销,甚至有时已经到了某种程度上的吝啬。

092 谨慎之人

　　性格谨慎的人,总会认真地对待一切他想要了解的东西,但这不仅仅是因为让他人信服自己非常了解这些东西,尽管自己的天赋并不那么完美,可是他所掌握的关于这个东西的知识总是完美的真才实学。他是不会竭尽全力用骗子常用的奸计来欺骗别人,更不会用一种自大的炫耀自己的傲慢方式来欺骗他人,更不会用一种很浅薄的且厚颜无耻的冒牌学者的妄自菲薄的方式来欺骗他人。他甚至不会去夸张自己的才能。他的谈吐淳朴且谦虚,而且,如果有人用一些欺骗公众的伎俩来引起大家的注意和信任的话,他是极厌恶这种行为的。为了在自己的职业中获得较高的信誉,他会倾向于让自己依赖自己的真才实学来获得,并且他不会想去谋求那些小团体和派系对他的支持,尽管在一些较高级的艺术和科学领域,这些人往往都标榜自己是拥有至高无上的品质的裁判者。他们以这些为业,互相称颂对方是天才,并且指责要和他们去竞争的任何东西。假设谨慎的人和这些团体有丝毫的关联的话,那也只不过是出于自卫的需要,这么做不是为了去欺骗公众,只是纯粹为了利用某一个团体或是其他团体对他们的责难,秘密策划计谋,诱使公众上当受骗。

　　谨慎的人总是显得很真诚,而且只要一想到随着虚妄露出自己真面目而让自己蒙羞的耻辱就会感到恐惧。但是,即便他总是真诚的,但不是每一次他都可以直言不讳；即便他只说真话，不说假话，但他也不会总是认为自己有义务在不正当的要求之下会吐露所有真实的情况。他的行动总是小心谨慎，所以表现在说话上他也是常常有所保留，不会鲁莽地或强行地发表自己对很多事情或是他人的看法。

谨慎的人，尽管并不总是以敏锐的感受力著称的，但是他很善于交朋友。不过他的友情一般都不是很浓烈的那一种，而是短暂的慈爱，这对大多数的大度青年或是毫无生活阅历的人来说，显然很契合。而对少数那些已经经过大风大浪的人来说，它又显示出一种冷静而又牢靠真诚的友情。在对他们的选择当中，他并不会被他们的草率赞扬左右了自己的选择，支配他们的只能是他们自身的谦虚、谨慎和高尚的行为。尽管他们很善于交朋友，但是他们对于一般的社交却是很厌恶的。他很少会出现在各种宴客的社交团体的场合里，这些场合一般都以愉快的交谈著称的。他们的生活方式很可能会在很多方面妨碍他那节制的习惯，也可能会中断了他曾经不懈的努力，或是打断他想要严格执行的节约做法。

虽然他们的谈吐听起来不是那么的生动活泼，但也不至于让人生厌。他憎恶一切无礼的或是粗鲁的想法。他从来都不会以傲慢的姿态去面对别人，而且在一般的场合里，他的行为举止和言谈都像是一个恪守礼仪的人，并且他是用近乎笃信的严谨态度去尊重那些已经确立下来的社交理解和礼仪，在这方面，他和那些拥有突出才能和美德的人，这些人各个时代都有，从苏格拉底和亚里斯提普时代到斯威夫特博士和伏尔泰时代，从腓力二世和亚历山大大帝时代到莫斯科维的沙皇彼得大帝时代，这些人都是在用最不合时宜的手段甚至是对生活中的一切普通的礼仪进行粗野的轻蔑，来突出他们自己，他们因此为那些效仿他们的人树立了一个很坏的榜样。后者过分地满足了那些模仿这些人身上的错误行为，他们不曾想过这些人身上的

135

优点也给他们树立了一个更好的榜样。

谨慎的人总是带着坚持不懈的勤劳和俭朴,他们有那种为了更遥远的未来,更持久的舒适和享受,来牺牲眼前的舒适和享受的想法。他们总是会以公正的旁观者或旁观者的代表的身份,即自己内心的赞同,来获得支持和报答。这个公正的旁观者,既不会因为看到自己所观察到的因为当前的辛苦而感到疲劳的人们而让自己筋疲力尽,也不会因为当前的一些欲望的纠缠就让自己受到诱惑。对他们来说,现在自己的处境和他们未来可能会有的处境是几乎相同的,他们几乎可以用相同的距离来看待这两种处境,用几乎相同的方式来接受他们的影响。不过,他们也知道,对于他们的当事人来说,它们一定是不同的,两者会用截然不同的方式去影响他们。所以他们也无法赞同这种自我控制的合理利用,这种自我控制会让他们像他们现在所处的环境,去影响那个旁观者,也会用相同的方式去影响他们的行动。

根据自己的收入来安排生活方式的人的处境是让人感觉满足的。这种生活状态通常是通过连续不断地积累来让生活一天比一天好起来的。慢慢地,他可以逐步地放松自己的节约措施和自己的俭朴程度标准。他对于这种逐步增加的舒适和享受感到非常满意,因为只有他知道过去自己的舒适和享受是伴随着某种艰辛和痛苦的。所以他不会急于去改变自己现在相当满意的处境,也不会冒险去追求新的事业和计划,他害怕这些会影响和危害到他自己进一步改善自己的幸福安定生活的计划。假设他们开始从事某种的项目抑或是事业,那势必是要经过多方准备和安排的,他是不会被迫或是在贫困的逼迫下去从事这些项目和事业的,他们会给自己留足时间让自己思考这些事业能给自己带来什么样的后果。

谨慎的人是不愿意去承担和自己职责无关的责任的。他不会在和自己无关的事务上奔忙。他不会去干预他人的事情,也不会乱提意见或是乱提忠告,指的是在没有人向自己征询意见的时候就把自己的强加于人的那种做法。他会把自己的事情局限在自己的职责范围内。他不会去贪恋所谓的显耀位置,尽管很多人都企图通过对他人的事务管理来获得某种影响获得显赫的地位。他反对任何党派之间的斗争,他憎恨所谓的宗派,并不十分热心去倾听有关于宏伟蓝图的陈说。在某种特殊的要求之下,他也不至于会拒绝为自己的国家服务,但他绝不会以玩弄阴谋来让自己进入政坛。所以,相比之下,他会更愿意做一个让公众满意的人,而非一个管理他人却给自己惹来众多麻烦的人。在心灵深处,他更喜欢的是有保证的,稳定的生活,不受其他的任何干扰。他不仅不会喜欢所有徒有虚名的野心,也不喜欢来自于完成最伟大的最高尚的事务所带来的光荣。

总之,谨慎作为美德,在指导个人健康、财富、地位和名声方面,被视为是最值得尊重,甚至在某种程度上是最可爱的,最受欢迎的一种品质,但是从来没有人认为它是最让人喜爱的,或是最高贵的美德。它受到的尊重是很轻微的,似乎从未得到过任何热烈的赞扬和爱戴。

093　高级的谨慎

明智且审慎的行为,被用在比关心个人健康、财富、地位或是名誉更为伟大高尚的目标时,时常被称作谨慎。在任何场合,谨慎都和其他的许多伟大而高尚的美德,如英勇,广泛且热心的善行,对正义准则的尊重等,结合在一起,而这所有的一切都是由恰如其分的自我控制来实现的。这种高级的谨慎,要是能达到最完美的程度,就意味着艺术、才干以及其他各种可能的环境和情况下最合时宜的行为习惯和行为倾向了,它也将意味所有的理智和美德达到了完美的高峰。这是最完美的头脑和最完美的心灵的结合,也是最高的智慧和最好的美德间的结合。它已经很接近于学院派或是逍遥学派中的哲人的品质,就如低级的谨慎总是很接近伊壁鸠鲁学派哲人的品质一样。

094 谨慎+其他美德=至高的品质

单纯的不够谨慎,有可能是缺少关心自己的能力,因此成了宽容和仁慈的人所怜悯的对象,而对那些感情并不那么细腻的人来说,就是受轻视的对象,或者还有更差的结果,似乎是他们所蔑视的对象,但不论如何,是不会成为被憎恶的对象的。但是要是它和其他的一些坏品质结合的话,那就会伴随着这些坏的品质一起被视作不光彩的行为。一个很狡猾的无赖,他的机灵和灵巧尽管无法避免遭到众人的质疑,但他因此免于惩罚和侦查,得到了他不应该得到的纵容。而一个笨拙愚蠢的人,就因为缺少这种机敏,于是被宣判有罪并遭到了应有的惩罚,也成了众人眼中让人憎恨和嘲笑的对象。一个重大罪行都可以免于惩罚的国家里,最为残暴的行为人们都已经司空见惯了,不会再在他们心里引起不必要的恐慌了。只有在正义落到实处的国家里,人们才会时时感受到这种恐慌。

上面说到的两种国家,对于不义的看法是一致的,只是在不谨慎上的观点是不一致的。后一种国家里,最大的罪行显然就是最为愚蠢的行为。而前一种国家却不将愚蠢的行为都视为罪行。在 16 世纪的意大利,大部分期间,上层社会的生活中充斥着种种暗杀、谋杀和受托谋杀,人们对此都习以为常了。凯撒·博尔吉亚邀请邻国四个君主到塞内加各利亚开一个友好的会,这四位手中都掌握着各个小国的统治权,也是国内小军队的统帅。当他们四位一到那里,就被凯撒给杀死了。这种不光彩的行动,即便是在那个罪恶的年代也不一定会得到赞成,可是结果似乎只是轻微地影响了他的名誉而已,并没有让这个杀人犯走下国王的宝座。他真正下台是在数年之后,但和这个罪行一点关系都没有。

马吉雅维利即使是在他自己的时代也算不上是个道德最高尚的人。当这个罪行发生的时候,作为佛罗伦萨共和国的公使,就正好驻扎在凯撒的皇宫里。关于这件事情,他做了很奇特的说明,还在说明中用的语言和他此前作品中精炼优雅和质朴的语言有很大的区别。他对待这件事的态度是很冷漠的,甚至为凯撒处理这件事的做法感到非常的喜悦,而对受害的受骗和软弱确实不屑一顾。他对这些弱者的不幸和死亡不抱有同情的态度,对谋害他们的人的残酷和虚伪也不曾愤慨。尽管前者的危害要远比后者厉害百倍,但是在他们达成的时候,常常被认定是英勇和高尚的行为。后者的举动则是愚蠢之举,作为最底层的人犯下的罪行总是遭人鄙视和憎恶。但至少,前者和后者在不义方面是相当的,而愚蠢和不谨慎却有很大的距离。一个卑劣的智者实际所获得的信任要比他应得的多得多,而一个卑劣的愚者在世人的眼中总是最可恨的,最可鄙的。这是由于谨慎和其他美德结合之后所构成的品质就是最高尚的品质,而不谨慎和坏品质结合的话就会构成最卑劣的品质。

095 论同情

　　无论人们认为某个人如何自私,这个人的天赋中都明显带有这么一些本性,这些本性会让他关心他人的命运,把他人的幸福都视为与自己有关的私情,尽管他在看了别人的幸福之后,他并非有所得。这种本性就是怜悯和同情,它指的是当我们看到或是想象到他人正处在不幸中所产生的情感。常常我们会发现自己会为他人的悲哀而感伤,这几乎不用事实来证明,这情感就和其他的原始的情感没什么不同,不但是品行高尚的人才具备,尽管他们确实在这方面有更敏锐的感受。就算是罪大恶极的恶棍,严重违反了社会法律的人,也不可能完全丧失同情心。

　　因为我们无法直接去感知他人的感受,所以除了设身处地地去想象以外,几乎无法了解他人的感受。当我们的兄弟在接受拷问的时候,只要我们还是自由自在的状态,我们就不会感觉到他们所受到的痛苦。他人的感受是不会超越我们的感知力的极限渗入我们的思想,我们只能借助想象来形成对他人的感受的概念。这种想象力是不能借助其他的方式帮到我们这一点,它只能告诉我们,要是身临其境的话,我们就会有什么感觉。在我们想象中所模拟的只能是我们感观给自己的印象,而不是我们的兄弟所有的感官的印象。我们设身处地来想象自己似乎也在忍受所有这种相似的痛苦感受,好比自己进入了他们的躯体,某种程度上来讲,就如同是一个人,所以所有他的想法虽然很多体会得还不会那么深，但总不至于想法完全不同。这样的话，当他的痛苦落到我们的身上，当我们也承受了和他一样的痛苦的时候，我们终于会明白，只要一想到他的痛苦就会颤栗和发抖。因为任何痛苦和烦恼都会让一个人产生极度的悲伤，所以只要去设想自己处在这种情形中，这也能在一定程度上产生与我们的想象力成比例的相似情绪。

　　要是这还没完全说明清楚的话，那么有大量的事例可以证明。正是因为我们常常同情他人的苦难，就是设身处地地去想象受难者的痛苦，因此我们才能明白他人的感受，也能接受到受难者的影响。当我们看到一个人的腿和手臂被击打后快断掉的时候，我们也会本能地缩回自己的腿和手臂。可当这次击打真的落下来的时候，我们也会或多或少地感受到一些，虽然我们并没有像受害者一样受到伤害。当观众在凝视绳索上的舞者的时候，就会不自觉地随着舞者去扭动身体来平衡自己，这就是因为他们仿佛感受到了自己如果处在对方的情境下也会这么做的。性格软弱的人和体质较弱的人常常抱怨说，只要他们看到流浪街头的乞丐暴露着的脓疮时，自己仿佛身上某一个部分也会感到不适或是瘙痒。那种厌恶之情只是来自他们对苦难的某种想象，但是如果他们真的成为了那种可怜人的话，并且同样地在他们的身上也有那样的脓疮，那么他们对那些可怜人所抱有的厌恶之情就会在自己身体的某个特定部分产生比其他部位更强烈的影响。这样的想象力足够让他们较弱的躯体产生他们抱怨的瘙痒和不适的感觉。同样地，身体最健康的人见到溃烂的眼睛时，他们的眼睛也会不自觉地产生一种很明显的痛感，所以说眼睛这一器官在最强壮的人身上，都会比最虚弱的人身上的其他部位来得更虚弱。

096 同情的来源

能引起我们同情的不单单是那些痛苦和悲伤的情形。不管当事人对事物所产生的感情是什么,在一旁留意观察的人只要一想到他的处境,就会产生与之相似的情感。我们常常为自己关心的悲剧或是罗曼史中的英雄获救而感到高兴,同样地,也会为他们的困苦而感到悲哀,我们对他们的不幸所抱有的同情和对他们的幸福所抱有的同情几乎是一样真挚的。我们在同情英雄的不幸的同时也会考虑他们那些忠实朋友所抱有的感激之情,并且我们还会很赞同他们对伤害、遗弃和欺骗了他们的那些叛徒们抱着憎恨之情。在人的内心当中可能会受到影响的各种情感中,旁观者的情感总是通过设身处地地为当事人想象,才达到了情绪上的基本一致。

"怜悯"和"体恤"是我们常常用来同情他人的悲伤时所用的词汇。尽管"同情"的本意和这两者是相同的,但是现在我们用来表示对每一种情感的同感也是未尝不可。

在某些个场合,同情好像是来自于对他人特定情绪的观察。情感在一些场合可以在瞬间从一个人转移到另一个人身上,而且他还会知道什么东西可以引发当事人的情感用来感染他人。就比如,一个人的脸色或姿态表现出了极度的悲伤和快乐的话,在一旁观察的人就会因此引起不同程度上的痛苦或是欣喜之情。笑脸令人赏心悦目,悲苦的面容会让人忧伤。

　　但不是所有的情况都是如此,也并不是每一种情感都是如此。一些情感在我们获知它之前,它表露之后所引起的不是同情而是厌恶和反感。发怒者暴戾的行为,很容易激怒我们去反对他们的行为,但不是去反对他们的敌人的行为。由于我们不清楚他发狂的原因,也就因此不会去体谅他的处境,更不会去想象引发他发狂的原因是什么。可是,我们清楚地看到他发狂的对象,还有后者因为前者的发狂可能受到的伤害。所以,我们很容易就会去同情后者,并很快就会打算和他们一起去反对那个发狂的人。

　　要是正好是这些悲伤或高兴的表情让我们也产生了一些类似的情绪的话,那么是因为这些表情会叫我们内心中浮现出我们所观察到的发生在这些人身上的好的或是坏的念头,这些情感都会让我们感动不已。悲伤或是高兴只会影响感受到这些情绪的人,它们和愤怒的表情不同,无法在表露的过程中就会让我们心中浮现对我们所关心的人与之利益相对的人的一些念头。所以,关于好的坏的念头,都会引发我们对遭遇这种命运的某种关切。关于暴怒的念头是无法激发我们对暴怒的人的任何同情的。天性似乎在教导我们去反对体恤这种情感。我们对此都会反对,除非我们了解了发怒的原因。

　　在知道他人悲伤和高兴的原因之前,我们的同情就不会很充分。所以,显而易见,通常情况下的失声痛哭除了可以表达极度痛苦以外就表达不了其他的了。它所引起的情绪与其说是同情,不如说是对对方处境的一种好奇心还有对当事人表达同情的倾向。首先我们要问他的是:你怎么了?随后在这个问题得到解决之前,即使我们会因为对他处于不幸的理由模糊不清而感到不安,还会在弄清楚前不断地折磨自己,不过,我们的同情此时仍然是无足轻重的。

097 同情是一种对情境的想象

所以同情与其说是因为对方的情绪所引起的,不如说是由于看到诱发情绪的情景而产生的。有时,我们也会去同情其他人,这种情绪似乎自己都全然不知,这是因为,当我们身临其境为他考虑的话,情绪就会自然而然地在我们的心中产生,但是它不因现实从他心中产生。别人的无耻和粗鲁会让我们感到羞耻,尽管他不太了解自己的行为不合时宜,这完全是由于我们很难不为自己做出如此荒唐的举动而感到窘迫不已。

人性尚存的人,丧失理智的话,应该说是所有面临毁灭的状态和灾难中最为可怕的。他们会抱着比他人强许多的同情心去看待这种人类的巨大不幸。可惜,那些失去了理智的人也许会又笑又唱,却总是不觉得自己有什么不行。所以,看到这幅场景,并因此感受到的痛苦并不是那个患者的感情的反映。旁观的人的同情心是由于这种想象而产生的,也就是说自己如果处在上述处境中,又会用自己健全的理智和判断去思考的话(这个是不可能的),就知道自己是什么感觉了。

当一个母亲听到自己的孩子因为疾病的折磨而不断呻吟,却表达不出他的感受的时候,此时她的痛苦是什么呢?当她想到孩子还在受苦的时候,她把自身的无助,还有对孩子疾病难以预料的结果还有孩子的无助,这一切都联系起来了。所以,她在忧愁当中产生了对不幸和痛苦的完整想象。不过,孩子只不过在这个时候感到不适,病情不是太严重,以后也是可以完全治愈的,要免除这些担心和恐惧的良药就是思虑和远见。但是在成年人心里的痛苦,一旦出现就无法依靠理性或是哲理来克制了。

我们甚至会去同情死者,而完全忽视他们真正需要的东西,也就是等待着他们那可怕的未来的到来,我们主要是被那些刺激了我们的感官,却对死者的幸福没有影响的环境所感动。在我们看来,死者是享受不了阳光的,要隔绝于人世,被埋在冰凉的坟墓当中腐烂变蛆,从此在这个世界上销声匿迹了,而且很快就在最亲密的朋友和亲属的伤感和回忆中消失了,这实在是不幸啊!想一想,确实不能对遭遇了如此可怕的灾难的人表示过分的同情,但是当他们处在被人遗忘的危险中的时候,似乎我们的同情就会一下子增加。我们会通过自己附加给死者记忆中的虚荣感,为了自己的悲哀情绪,尽力去保持那些和他们的不幸相关的回忆。我们对死者的同情是给不了死者安慰的,似乎只会加重死者的不幸。想想我们这么做都是徒劳啊,想想不论如何想办法去消除死者亲属的悲哀,还有他们对死者的愧疚和眷恋之情,都给不了死者安慰,反而只会叫我们更加因为死者的不幸感到悲痛。死者的幸福是不会因此获得一点点的影响,他们的安眠也会有一点点被扰乱。我们认为死者具有永无休止的犹豫心理,这想法完全是由于从他们身上所产生的与我们自身的联系,也就是我们对那种所谓的变化的感受。也起源于我们会身临其境地把我们自己的灵魂附着在了死者的躯体上,请允许我说这样的话,只有这样我们才能去设想死者的情绪。就因为这个虚幻的设想才让我们觉得死亡是如此的可怕。那些和死后的情况的思想,在我们死亡的时候是不会给我们带来痛苦的,只在我们活着的时候带来痛苦。所以这给人类的天赋带来了一个重要的原则,也就是对死亡的恐惧。这是破坏人类幸福的罪魁祸首,是对人类不义的一个最大的抑制,对死亡的恐惧伤害了个人,却捍卫和保护了社会。

098 相互同情的愉快

　　不管同情产生的原因是什么,是怎么产生的,再没有什么其他的东西会比满怀激情看到他人也有同感让我们感到兴奋的了,也没有什么比看到他人的情绪与我们相反而让我们震惊的了。喜欢从很细腻的自爱之心去推断我们所有情感的那一些人,就他们的原则来说,很自然地就会全体说明这种快乐和痛苦的原因。他们会说,一个人感觉自己软弱而需要他人帮助的时候,如果可以发现他人也有这种需求,那么他就会感到十分高兴。因为他可以确认自己是会得到这样的帮助的,反过来他就感到不快乐,因为他觉得有人会去反对他的做法。可是,快乐和痛苦的感受是转瞬即逝的,而且常常会出现在一些很没有意义的场合,但是好像很明显,它们和一切利己的想法都没有任何关系。一个人竭力去逗引同伴后,环顾自己的四周就发现除了自己以外没有人对他的俏皮话感到有趣,于是他感到了无比的屈辱,相反,同伴的欢笑会让他感到甚是愉悦。他把同伴们的情感和自己的情感的相同与否视为自己获得奖赏与否的标志了。

　　尽管他的快乐和痛苦的确有一部分是从这里产生的,但是快乐并不是全部都来自于同伴们表示同意时所增加的欢笑,痛苦也一样,也不完全来自于他得不到同伴的欢笑而产生的失望。在我们反复阅读一本书或是一首诗,若是无法从书或是诗当中获得阅读的乐趣,但是我们让人可以从同伴的阅读中获得乐趣。对于同伴来说，它永远都充满新奇的魅力。我们可以体会到他心中那种无法在我们心中自然而然激起的惊讶和赞赏，与其说是用我们自己的眼光，不如说是我们可以从同伴的角度来好好去琢磨一下那些描述过的思想，另外我们还会因此感受到和同伴一样的乐趣而感到高兴。相反，如果同伴也没有从中获得乐趣，那么我们就会感到十分恼火，还会在同伴朗读的过程中不再获得任何的愉悦。这样的情况和我们前面说到的事例基本一致。毫无疑问，同伴的快乐是会让我们高兴，他们的沉默就会让我们感到失望。尽管在这个场合里，给我们带来的是快乐，但是换一个场合就可能给我们带来的是痛苦。所以，没有什么是快乐或是痛苦的唯一原因，而且即使我们的情感和他人的一致看起来是构成快乐的一个重要原因，而他们彼此相悖就是痛苦的重要原因，但也不能说明这就是快乐和痛苦的唯一原因。朋友对我的高兴表示同情是因为它使我感到更高兴，这点让我确实愉悦不已，他们对我的悲伤表示同情，如果也是让我的悲伤倍增，那就不会让我愉悦了。不管怎样，同情可以增加快乐也可以增加痛苦，它通过一种让人满足的源头来增加快乐，同样地，它也通过暗示当时几乎是唯一可接受的最合适的情绪来缓解痛苦。

所以我们可以说，我们更渴望向朋友倾诉的是不愉快的情绪，而不是快乐的情绪。相对而言，朋友对前者的同情更能够让我们满足，而他们缺乏对前者的同情的话，就容易让我们感到震惊。

099 无动于衷才是真正的残忍

当不幸的人能够找到一个听他倾诉自己悲苦的人的时候,他感到了无限的宽慰啊!就因为朋友的同情,他们发泄掉了自己的一部分不快,虽然说倾听者和不幸者一起分担了痛苦不是太合适。倾听者不但感到和不幸者有相同的悲痛,而且似乎从他那里分担走了一部分的痛苦,也可以适当地减轻不幸者的苦难。不过,通过倾诉自己的不幸,不幸者在一定程度上重新回忆了自己的痛苦,在回忆中又想到了那些让自己感到十分苦恼的事情,于是他们此刻的眼泪流得比任何时候都快,而且又一次沉浸在了自己的痛苦当中。从另一个方面来说,他们也获得了一定的安慰,因为对方的同情给予他们的乐趣已经弥补了一部分剧烈的疼痛。所以说他们重新想到的痛苦只不过是为了获得同情而必须经历的。相反地,对不幸者来说,最残酷的打击莫过于对他们所遭遇的灾难一点感觉都没有,无动于衷。对同伴的高兴无动于衷只是失礼,但是当他们诉说困苦的时候我们如果也是一副无所谓的神态,那才是真正的残忍。

爱是一种让人愉快的情感,恨是一种让人感觉不愉快的情感,所以,我们希望朋友可以对自己怨恨的情绪表示同情,这种渴望要比渴望他们接受自己的友情更来得强烈。虽然朋友都很少为我们所能获得的好处而感动,我们也能因此去原谅他们,但是,要是他们对我们可能遭遇的伤害都不上心的话，我们就完全失去了对他们的信心了。不同情自己的朋友，我们对他们的怨恨不比他们不体谅自己的感激之情要少多少。对我们的朋友来说，他们有可能不是同情我们的人，但是对于和我们不和的人来说，他们难免要成为我们的敌人。我们极少去抱怨他们和前者不和，尽管有时我们和朋友之间也会有所争论，但如果和自己的敌人友好相处，就我们和他们的争论可是动真格的。爱和快乐这两种让人快乐的情绪，是不需要依靠任何附加乐趣就可以去激励人心的，而悲伤和怨恨也一样需要通过同情来平息和安抚。

　　不管怎样，只要当事人在我们的同情之下感到快乐，还会因为得不到我们的同情而感到痛心，那么我们也会因为同情他们而感到愉悦，同样地，如果我们做不到这些也会感到无比的痛心。不但我们会赶着去祝贺那些获得成功的人，还要去安抚那些有不幸遭遇的人。我们通过同情在和他人交谈中感到快乐，似乎可以极大地补偿我们看到他的境遇而让我们体会到的苦恼。心烦的，感到自己无法去同情对方也是很不愉快的，并且还会发现自己不能为对方分忧而痛心，并不会因为自己免于这种痛苦而兴奋。倘若我们听到有人在为自己的不幸而放声大哭，还想象若是自己也遭遇了这种不幸的话会多么剧烈的影响时，我们就会对此表示震惊，而且我们对此表示无法体谅，会将其视作是胆小和软弱。

　　另一方面，一个人若是交了好运就过度兴奋和激动，照我们的说法，就会对此表示愤怒，还甚至会因为他的高兴而不满。我们是不会赞同它的，所以我们会将其视为草率和愚蠢。要是有同伴听到有人大笑个不停，已经超出了应有的分寸，那我们就会大发脾气。

100 乐善好施构成尽善尽美的人性

在这两种不同的努力,即旁观者努力去设想当事人的感受,以及当事人努力把自己的情绪降至旁观者可以理解和赞同的程度这两方面上都可以确立两种不同的美德。在前者的基础上,我们可以确立温柔、有礼和和蔼可亲、公正、谦让和宽容仁慈的美德。而崇高的、庄重的、让人敬仰的美德,和自我控制和情绪控制等等这些,都是要我们将一切已经超出我本性的活动服从于自己的尊严、荣誉和行为的各种规矩,而这些美德都是产生于后一种努力。

我们可以从旁观者的同情心中察觉出同他交往的那些人的情绪,因为他会为他们的灾难感到悲哀,还会为他们所受到的伤害感到愤愤不平,对于他们所获得的好运也会感到高兴,这样的旁观者看起来是多么的和蔼可亲啊!假如我们也设身处地地去考虑一下他们同伴们的处境,就会同情同伴们对他们的感激,还会因此体会同伴们从他那获取的充满友情的同情和安慰。另外从反面来说,冷酷无情的人只会同情自己,而对他人的幸福和痛苦是无动于衷的,这看起来实在让人厌恶。在这种场合,我们会去体谅这种人的态度,同时也体会得到与他交往的每个人的痛苦,特别是那些最需要同情,且很容易引起他人同情的那些人的痛苦。

另一方面,那些在自身处境中做到心平气和且自制的人,这些美德已经构成了所有情绪的尊严,还能够将自己的情绪降到一个别人都可以体谅的程度,这样的行为可以让我们感觉到高尚的情操和礼貌。我们对那种喧闹不已的悲痛是极度厌恶的,因为它缺乏细腻的情感,总是用叹息、眼泪和其他一些让人讨厌的方式要获得他人的同情。我们只是对那些有节制的悲痛,那种无声的悲痛表示敬意,那种悲痛是隐约可见的,它只表现在红肿的眼睛、颤抖的嘴唇上面,但是十分感人,这些行为都要在冷漠中才能发现。他同样会让我们保持沉默,而我们也对它表示敬意,它抱着不安的心态去注意我们的一切行为,只怕我们那些不得体的举动会扰乱这份宁静,于是它需要付出巨大的努力来保持这份宁静。

一样地,蛮横无理和暴怒是我们在看到怒火中烧的情形时,最不愿面对的客观对象。不过,我们很钦佩那种高尚和大度的恨,它不是受害者心中容易燃起的那种怒火,而是依据公正的旁观者心中自然而然升起的义愤对随之而来可能造成伤害的愤恨进行控制。这种高尚且大度的恨容不下言语、举止超乎情理,甚至在丝弦上,也不但不会策划某种以大家常见的方式来实现更大的报复的计划,也会给他人施加某种以大家常见的方式来达到更大效果的惩罚。

所以,就是这种同情他人多一点,同情自己少一点的情感,就是所谓的乐善好施的情感,它才能构成尽善尽美的人性,也只有这样才能让人和人之间的情感协调起来,因为这中间包含了众多的情理和礼仪。就好像基督教的教规规定爱自己和爱邻居是一样的,要像爱邻居一般爱自己,或者也可以说,要像邻居爱我们一样爱自己,这都是自然的主要戒律。

101 衡量美德的标准

当它们被认为是那种应该被赞扬的品质的时候,他们就和良好的鉴赏力以及判断力一样,指的是那种不会时常出现的细腻情感和锐利的洞察力。情感自我控制的美德一般不会被归类到一般的道德品质中去的,而是被认定为一种非比寻常的特殊品质。仁爱和和蔼可亲的美德来源于一种远胜过粗俗的人的优越的情感。而宽容这种崇高的美德无疑是需要更高程度的自我控制,并非一般人所能做到的。一般的品德是无美德可言的,这就和一般的智力无智可言一样的道理。美德是那些卓越的,超乎寻常的品德,要高于世俗和一般的品德才行。和蔼可亲的美德虽然存在于一定程度的情感当中,但它以高贵的,特别的敏感和亲切让人感到惊讶。令人敬畏的,和可尊敬的美德是存在于一定的自我控制中的,它之所以让人吃惊就在于它在以一种让人吃惊的方式超越了人类天性中其他全部的难以抑制的情感。

从这方面来说,那些被钦佩被赞颂的品行和只能得到赞同的品行之间,差异实在太大。在众多场合,最完美适宜的行为,只要具备一般人所具备的自我控制能力和所拥有的普通情感那就可以得到了,还有时候甚至连这个要求都不需要有。举个很简单的例子,如果是在普通场合只要饿了就吃东西这是自然而然的事情,也很正当。所以每个人都会赞同这样的作品,然后他们就会纷纷说吃东西是德行,可是实在太荒唐了。

相反的是,那些并不很合适的举动也可能存在一些值得留心的美德。

这些行为在很多场合也许会比人们的合理期望更接近于完美,可是往往这些场合要达到完美都很困难,通常情况下需要去自我控制的场合都会时常出现这种情况。有一些情况会对人类的天性造成剧烈的影响,以至于让人类这种不完善的生灵也能够尽自己最大的能力去自我控制,最后它不能完全地抑制人类的呼喊,也无法把浓烈的情绪讲到旁观者可以适应和体谅的适当程度。所以这种情况下,受难者的行为称不上是合适,却仍旧可以得到赞扬,在某种意义上,它还可以被称作是有美德的行为。这种行为还说明大部分人都无法做到宽大和高尚的努力,就算是不完美,但在这些困难的场合里通常可以见到的那些一般的做法想法,已经算是很接近完美了。

在这种情形下,我们时常会应用两个不同的标准判断是要责备还是赞扬某一种行为。第一个是关于是否合适或是是否达到完美的概念。在一些很困难的情形下,人类的行为就不太可能尽善尽美,人们的行为同它们相比就应该受到责备。第二个是关于与完美的距离的问题,这通常是大多数人的行为都可以达到的标准。不管是什么行为超越了这个标准,不管它和完美之间的距离有多远,都应该得到赞扬,不管是什么行为,只要不达标,就要接受惩罚。

同样的一种方式我们还可以用来判断那些致力于想象力有关的艺术产品。当一个批评家在研究大师们的诗歌和画作的时候,就可以应用是否达到尽善尽美的标准来对这一作品和其他作品进行考察和比较,而且,只要他采用的是这个标准拿作品和大师的作品比,结果只能是缺点和不完美。不过,倘若他开始考虑这位大师的作品在其他性质大致相同的众多作品应该占有的地位的话,他就会用另外一个标准,也就是把它和一般程度作品的优秀程度做比较。当他使用这个新的标准进行衡量的时候,通常因为它都会比普通的作品更接近完美,所以也会常常得到最高的赞赏。

153

第 七 章

康德

——道德与幸福的协调

102 善良的意志

在这个世界上，甚至包括世界之外，一般来说除了善良的意志，就无法想象出还有什么无条件的善。理解、明智和判断力，或者还有那些精神上的才能、果敢和忍耐，还有那些性格上的素质，毫无疑问都是在很多方面可以被看作是善的，并且令人称羡。不过，也不排除它们是极大的恶，很有害，如果用这些自然解释的话，那么那些固有属性被称作是品质的意志就不是善良的了。这个道理在幸运所致的东西上同样适用。财富、权力、荣誉还有健康以及全部的美好事物，也就是那些名为幸福的东西就容易让人自满，还可能变成傲慢，要是没有一个善良的意志去正确地引导他们的心灵的话，他们的行为准则和普遍目的就会不相符。众所周知，一个有理性且无偏见的观察者，当他看到一个缺乏纯粹的善良总是好运连连，并不会觉得宽慰。这样说来，善良的意志是值不值得幸福不可或缺的条件。

善良的意志是需要一些特性才能发挥它的作用的。这不代表因此具有的内在的无条件的价值就必须以善良的意志为前提。它会限制人们对这些特性的称颂，也不允许把它们堪称是善的。戒骄戒躁，苦乐适度，深思熟虑等等，这些无论从哪个方面看都是善，也似乎构成了人内在价值的一部分。尽管它们此前已经被古人毫无保留地赞扬，但也远未达到无条件的善。毕竟，要是不以善良的意志为出发点的这些特性都可能会变成最大的恶。一个沉着的恶棍只会更危险，而且在大众的眼里，没有什么其他的特性比这个更让人憎恶的了。

善良的意志，也不因它所促成的事物而善，不因它所期待的事物而善，更不因它预期的目标而善，仅仅是因为意愿，它是一种自由自在的善。并且就它自身来看，它本身就是无比高贵的。所有为了满足爱好而产生的事物，甚至全部爱好的总和，都难以与它匹敌。要是因为生不逢时，或者是因为自然无情且苛刻地对待，这样的意志就会完全丧失实现它的意图的能力。要是他可以尽自己最大的努力，但结果仍然是一无所有，只有善良的意志（这自然不是个单纯的愿望，而是用尽了自己所能想到的所有办法），但它还像是一颗宝石一样，自然就散发着耀眼的光芒，自身就存在着不少价值。实用性只能作为阶梯帮我们在日常交往中有效地行动，去吸引那些尚未注意到它的人，却左右不了那些对它有了充分认识的人的意志，或者去规定他们的价值。

103 纯粹的意志

谈到纯粹意志和不计任何用处的绝对价值的时候，我们很容易发现一个费解的现象。尽管一般理性都同意这一思想，但仍旧有些人持怀疑态度，这里是否暗藏着不切实际的高调呢？同时，理性作为我们意志的主宰，这是不是对自然意图的误解呢？下面我们就从这个角度出发来考察一下。

一个自然结构,一个与生活目的相适应的有机体的自然结构当中,我们会找到这么一个原则。也就是它的内部没有一个专门用于一定目的的器官,也不是和这一目的最合适的,最便利的。假如在一个又有理性,又有意志的东西身上,自然的真正目的就是让它生活得舒适,让它存在,总之就是过得幸福。这样一来,它如此安排自然所选中的被创造物的理性用来作为其实现意图的工具就太笨拙了。由于被创造为达到目标所做的全部行动,和它行为的全部规律,要是由本能来确定的话,那么对它来说,显然是比理性的规定更有把握些。假设上天把理性赐予自己所钟爱的创造物,那它所做的一切都在一旁观赏自然给予的幸福,并表示赞叹,对造福的源头表示感谢等等,而不能把被创造物欲望的能量由自己薄弱又不可靠的指导来引导,也就无法对自然进行干预。总的来说,总是要阻止理性被用于实践,还禁止它有非分之想,禁止它凭借它那薄弱的洞察力,就想设想出一个达到幸福的计划,或是完成计划的手段。自然不仅会为自己选择目的,也会相应地选择手段,它应用它那周密的思考来把这二者都托付给本能。

104 理性是必须的

事实上,越是处心积虑地想获得舒适和幸福生活的理性,这个人就越不能得到真正的满足。因此,很多人尤其是那些精明的人,要是他们愿意自己坦白自己的话,就会在一定程度上已经开始憎恨理性。因为在筹划之后,无论他们能获得多少利益，先不去想那些日常奢侈品技术的发明，这些对他们来说得到的不外乎也只是关于奢侈品的学问罢了，因此实际上他们所获得的就是无法摆脱的苦恼，而不是幸福本身。于是，他们对理性的态度最终只能是嫉妒大于轻视。刚才说的其实就是那些自愿服从本能的指引，且不愿意理性过多干涉自己的人的普遍心理。同时，我们也必须承认，不去高估理想对幸福生活的好处的，乃至已经将其作用降为零的人的意见，就绝不可能是对世界主宰的恩赐的报答。这种意见背后还藏着一种思想，人们总是为了更高的理想生存着，理性的使命正是实现这理想，而非幸福，它作为最高的条件远远超过了个人意图。

理性，不仅无法达到指导我们的意志对象和我们的要求，它还在一定程度上增加了这方面的要求。而与生俱来的本能，却在把握这一要求的满足方面做得更好。但是我们最终还是被赋予了理性，理性被作为我们的实践能力和能够影响意志的能力。因此它真正的使命是去产生在其自身就可以是善良的意志，绝不是去产生完成目的的工具。对于这种使命来说，理性绝对是必须的。只不过自然在给它分配能力的时候，往往跟它所要做的事情不一致。这意志不是唯一的善，完全的善，但至少是其中最高的善，因为它是一切东西的先决条件，包括了对幸福做要求的条件。从这个角度来看，我们的看法就和自然的智慧相差无几了。这就说明，为无条件的目标培养它所需要的理性，且要从各个方面去限制有条件的目标，也就是幸福的实现，甚至还要将其变得一文不值。自然在这里的目的人们总觉得是没有达成的。因为树立以善良的意志为自己最高时间目标的理性，当这一目的实现的时候，得到的也只是一种自己特有的满足，即达到一个自身为理性所决定的目的。而对于爱好者来说，只做到这一点离满足还太远。

105 善与责任

为了展示出无条件的,应该被高度赞赏的善良的概念,就不需要其他条件作为善良的概念了,因为这一概念本身就是自然的健康的理智所固有的特性,只要将它解释清楚就可以了。这个概念,在对我们行为的评价中是最重要的,并且也是其他一切事物的条件。在这里,我们先提取出责任的概念来讨论。它是意志概念的体现,中间还混杂了一些主观的限制和障碍,不过这些都无法掩盖它的存在,让它不为认知。反倒是通过对比,让它显得更加显赫,发出了更加耀眼的光芒。

这里我就先不谈那些认为是和责任发生抵触的行为了,这些行为并不是都没有意义的,只不过是因为它们和责任相抵触,所以它们也就和责任没多大的关系。另外,那些真正合乎责任的行为我也先排除了,因为这些行为人们也无明显的爱好, 一般都是在其他爱好的驱使下完成了这些事情的。很容易去分辨哪些事情是出于责任的,哪些事情是为了一己私利的。最难的应该是分辨哪些是符合责任的要求,而且又是人们心甘情愿去做的。比如说,卖主向没有经验的买主收取高费用,这是符合责任要求中,明智的商人不去向买主索取过高的价格,而是保证每个人都保持一致,童叟无欺。买卖是需要诚实的,但是人们总是么做是处于责任或是诚实的原则。他这么做的理由是因为他有利可图。因此，这些行为既非处于责任，也不是个人的爱好，只是有利可图罢了。

另一方面，责任当中还包括要保存自己的性命。不同的人对它都有一种直接的爱好，正因如此，很多人对此所产生的焦虑实际上是缺乏内在价值的，他们的准则也没有道德内容。保护自己的生命是合乎责任的要求的，但是他们这么做就不是处于责任的考虑了。相反，要是身处逆境且无以解忧的生命已经完全失去乐趣的话，遭遇不幸的人，会以一种钢铁般的意志去和命运抗争，从而不向命运屈服。他们要想死，尽管不爱惜生命，但是却保持着自己的生命，这不是出于爱好或是恐惧，这就是责任的问题，而他们的准则也因此有了道德内容。

每个人都有责任去尽力为他人做好事，许多人都富有同情之心，完全没有虚荣和利己的动机，他们对自己可以在自己的周围散播快乐而感到十分愉快，对他人满意自己的工作而感到十分欣慰。我认为在这种情况下，这样的行为不论是否合乎责任的要求，无论是否值得称赞。但它始终具备真正的道德价值，和其他的一些爱好很像，尤其是和与荣誉相关的爱好，所以这种爱好是应该受到称赞和鼓励的，但不值得被纷纷推崇。正因为这类准则不具备道德内容，道德行为又不能源自于爱好，只能出于责任。尽管它还具备解救人于危难之间的能力，但由于它本人已经自顾不暇，他人的危难它也是无能为力了，那么在这个时候，就不是出于爱好，它却从死一般的无动于衷当中挣脱出来。他的行为不会受到任何爱好的影响，只是出于责任，因此只有这种情况下的它的行为才具备真正的道德价值。也就是说，假设自然没有赐予某人同情之心，这个人即便是个诚实的人，性格上也是很冷漠的，他不会去关心他人的困苦，也可能由于他对自身的痛苦具有特殊的耐力，所以他对他人的要求也显得比较高。假设，自己没能把这样一个说上是坏人塑造成能爱人的人的话,那么,和一个好脾气的人相比,他不可以在自身当中找到让自身具备更高价值的源泉吗?就是如此!那至高无上的道德价值正是由此得来的,也就是做好事不是出于爱好,而是出于责任的做法。

责任是每个人自己保证自己的幸福,这至少是间接责任,因为对自己的处境不满,生活上的忧患和困苦都会是不负责任的表现。就算是撇开了责任不说,每个人对自身幸福的追求都是最大的最强烈的。就因为在幸福的观念里,一切爱好会集合成一个整体。不过,幸福的规范中总是夹杂着众多爱好的杂质,所以,人们总是很难在被称为幸福的总体中制定出很多很明确的概念出来。因此,某个可以明确满足某种爱好的目标要比一个模糊的理想显得更有分量,这一点都不奇怪。就像一个患有风湿病的患者,他完全可以不顾未来的痛苦,尽情享受,因为在他的权衡之下,他认为去为了一个日后可能从康复中获得幸福的模糊希望而放弃当下的享受,实在有些不值得。但是在这样的例子当中,如果不把对幸福的强烈爱好视为意志的决定因素的话,那么对他来说,健康在他的权衡之下就不算是个有效的因素。因此,增加自己的幸福,不是出于爱好,而是处于责任的规律在这里还是说得通的,就因为如此,他的所作所为才能获得自身固有的道德价值。

106　责任与爱

《圣经》告诫我们不但要爱邻居，还要爱敌人的诫条，应该是这么理解的。因为爱作为爱好本身是不能告诫的，但是出于责任的爱，虽然不是爱好的对象，还可能被嫌弃，但却是最客观的，不属于情感上的爱。这爱是落在意志当中的，和感觉不相关，它由行为的基本原则来指引，不受不断变化着的同情所影响。只有这样的爱才能被告诫。

道德的第一个命题是，只有处于责任的行为才具有道德价值，而第二个命题是，任何出于责任的行为，它的道德价值都和它所要实现的意图无关，只是取决于它所被规定的准则。从而行为对象的实现和它并没有关联，它依靠行为所遵循的意愿原则，不和欲望对象相关。这样一来，我们所采取的行动可能有的期待，以及动机和目的、后果，都无法给予行动无条件的道德价值，这一切是显而易见的。如果道德价值不去据意志所预计的结果的话，那么要找到它的话要去哪找呢？它只会在意志的原则中，不用去考虑引起行为的目的。意志仿佛在十字路口上，站在它作为形式的先天原则，和作为质料的后天动机二者之间。如果说意志必然被什么东西规定的话，那只能是意志的行事原则。如果说有一个出于责任的行动，那它势必要抛弃一切的质料原则了。

第三个命题是作为前两个命题的结论存在的，因此我将这样表述，责任是处于尊重规律而产生的行为必要性。我可以爱好,但不会去尊重那些我从前行为后果的对象,因为它们不是意志的作用,而是意志的效果。同样,不论是自己的,还是其他人的,我都不会对爱好表示尊重,我对自己的爱好就是抱着顺其自然的态度,而他人的爱好,除非是这种爱好是利于我自己的,否则也不可能喜欢的。只有那种永远都是依据,而不被作为效果的东西,并和我的意志相关联的东西,不助长爱好而是抑制爱好的东西才算是诫条。一个出于责任的行为,应该能让意志摆脱一切的束缚,摆脱意志的对象,所以,客观上来讲只有规律,主观上也只有对这实践规律的尊重才算得上是准则,这样才能规定意志,才能真正地去抑制自己全部的爱好。

107 道德的规律

行为的道德价值不应该由它所预期的效果或是这种预期的效果作为动机的任何行为准则来决定。毕竟这些效果、处境以及他人幸福的提升都可以依靠其他的原因来产生,不需要有理性的东西的意志或是无条件的善才能在意志中找到。只要是理性的事物所特有的,构成规律表象自身的,就可以称之为道德,也是超越其他善的至善。这种表象,不是预期的后果,它是规定了意志的依据。这种善自身已经存在于依照规律行为的人身上,不需要从效果中再次发现。

什么样的规律的表象既能规定意志,还不要预先考虑后果,就能让意志毫无限制地,绝对地把它称为善呢?虽然我已经认定意志没有那种遵循某一规律而产生的动力,那它所剩的就只有行为对规律自身的普适性了,也只有这样的普适性才能适应意志的原则。这就说明了,只有当我愿意的时候,自己的原则成为普遍原则时,才能有所行动。要是不想让责任变成一个空洞和虚幻的概念的话,那就只能让这种单纯与规律的普适性作为意志的原则了,必须是这样,不需要其他任何一个适用于特殊行为的规律为前提。在实践评价当中,人的普遍理性与此完全一致,并且在一切场合,都要考虑以上述的原则作为准绳。

例如有这么个问题,当我已经黔驴技穷了,我可以有意地食言吗?一个虚假的诺言是不是明智,是不是合乎责任的要求,这个问题的意义我很容易就可以分辨得出。毫无疑问,人们常常遇到的是前一种情况。只不过在我看来,借用这种借口来是不足以摆脱困境的,还要进一步考虑,这种谎言除了可以摆脱现有的困境以外,它是否还会给现实中的自己带来更大的困境呢?并且,我很难预见自己若是失去了信用将会带来多大的灾难,尽管我还算是机警,我也想不到这么做会不会带来比我当下所遭遇的厄运更可怕的厄运呢?我也会考虑是不是就按照从前的做法去做更容易改掉自己轻易就食言的毛病。不过,我很快就明白了,这么个准则的出发点还是担心可能出现的后果。现在就能看出,出于责任和诚实和出于对有利的后果的考虑两者是完全不同的。前者的行为概念本身就包含了我所想要的规律。而对后者来说则必须去寻找一些伴随性的东西来产生效果。因此,若是偏离了责任原则,那就一定是恶,反倒是违背了明智的原则还可能给我带来不少好处,尽管保持不变,但是至少少了许多的风险。我必须问自己,为了去给自己找一个最简单的、最可靠的办法用于回答食言是否是合乎责任要求的做法,那么自己是否也愿意把这个通过假诺言而让自己走出困境的准则演变成一条普遍的规律,是否也愿意让它除了适应我以外,还适应其他人呢?我是否愿意所有人在遇到困境而摆脱不了时,都用假诺言来解决呢?这样的话,我很快就会感受到,就算是我撒谎,可是要让说谎变成一条普遍的规则,我似乎还有些不愿意。因为如果这样的话,任何诺言都不可能存在了。只要人们不再相信诺言,那么我对未来作出什么样的保证都是徒劳。就算是他们相信我的诺言的话,他们也会用同样的方式来回复我。要是我把谎言的标准推广到普遍的话,那结果是它必然毁于自身。

所以,不要多少智慧,我就会知道在什么事情上我的意志才算得上是道德上善的东西。因为对世上的万物缺乏经验,于是就无法把握世事的变化,我只能询问自己:你愿意把你的准则变成普遍性的原则吗?答案如果是否定的,那就要果断地抛弃这一准则。不是因为这个对于自己和他人来说就会有多少不利,只是因为它可能成不了一条普遍的准则,而对于这一要求我必须尊重。直到现在,我还解释不清楚尊重的依据究竟是什么,这个问题大可由哲学家去探讨,我只要懂得就可以了,至少我知道这是一种比爱好所中意的重要得多的价值的敬仰。从对实践规律的尊重上来讲,我的行为必然构成一种责任,而且在责任面前,其他的一切动机都黯然失色。因为,它才是让价值凌驾于所有事物和自在善良意志的条件。

108 一般人的理性对道德的认识

　　这样的话，我们就能从普通人的理性对道德的认知当中找到其原则。一般人的理性是不会这样存在在普遍的形式中的，人们也从来没有忽视过区别思维的原则，一直都将其作为评价价值的标准。因此，手里一旦有了这枚针，面临一切事务时，人们就可以轻易地分辨哪些是善，哪些是恶，哪些是合乎责任要求的，哪些是违背责任的。就算不让他们学习新的知识，只要像苏格拉底那样地，让他们稍微留意一下原则，那么就算没有科学和哲学的参考，他们也会知道如何才是诚实和善良的，甚至判断哪些是智慧和高尚的。也可以由此推断，最最普通的每个人都知道，他必须做什么，必须知道什么。所以人们难免感到奇怪，普通人的知性和实践的判断能力，居然会在理论的判断能力智商。一个一般的理性在理论判断能力方面，要是敢于去无视经验和感性知觉，不免要陷入不可理解和矛盾当中，乃至陷入不确定和混乱，以及含糊和动摇之中。

　　关于实践的判断能力，一般的执行只能是把所有的感性动机都排除在外，此时的判断力才会显现出自己的优越。至于拷问自己的良心和他人的要求什么是正当，或是规定自己判断某一行为的价值是否准确，那就是一件非常繁琐的事情了。值得注意的是，在规定某行为是否公正的时候，一般的知性就很可能像一个经常自诩的哲学家一样。但和那种哲学家不同的是，它似乎更有把握一些,毕竟两者所掌握的原则是基本相同的,但哲学家的判断力常常会被一大堆不相干的事情所干扰而偏离正确的方向。所以,要让一般的知性去判断关于道德的东西会更让人满意一些。最聪明的办法就要数让哲学去完善道德体系,让其变得更通俗易懂,同时在使用当中,尤其是论证起来的话更为方便。而不能让一般人的知性使其远离其实践意图的单纯。它必须是通过哲学来把它的研究和教导带到一条新的路上去。

109 以道德准则为依据,以责任观念为基础

天真无邪自然是荣耀的,只不过它不能保持自身,这是它的不幸之处,它很容易就会被诱拐走上邪路。正因为如此,倡导行为多于知识的智慧也是需要科学的,不在于科学可以教导什么,只在于可以让自己的规范更易于接受,保持的时间更长而已。在需求和爱好身上,人们体会到了一种和责任感完全相反的强烈要求,这种诫条是理性给他们提出并要求的高度尊重,而幸福也被概括成需求和爱好的全部。理性在爱好面前是不会让步的,它会坚持它的规范,而那些被轻视的,被忽视的要求也是不会向任何诫条退让的,它们会坚持自己且让自己看起来很有道理。这里无疑就产生了一种自然辩证法,一种和责任的严苛的规律进行辩驳的倾向,至少可以说成是对纯洁性和严肃性的怀疑,并且在适当的时候,还可以让它去适应我们的愿望和爱好。归根结底,就是从根本上将它完全破坏,从此失去尊严。有

了这样的事情，就算是一般的实践理性也不能称之为善良。

这样说的话，一般人的理性并不是出于某种思辨的需求，这种需求是不会出现在理性已经得到满足的时候，它一般是出于自己的实践理由。走出它的圈子，走进实践哲学的领域，以便对它的原则的来源以及原则的正确性，还有以需求和爱好为依据的准则相反的规定有明确的准则和了解，这可以让它脱离因为对立而产生的无所适从，不用害怕失去一切真正的基本命题。因此，普通的实践理性发展了以后，就会不知不觉地产生辩证法，它会被迫求助于哲学，就像是我们在理论理性的发展中看到的一样，那是永远不能心安理得了，除非对我们的理性进行彻底的批判。

尽管到现在，我们仍然是从实践理性的一般用法中来引申出关于责任的概念，不过，这不等于我们就已经把责任看成是一个经验的概念了。再进一步说，甚至可以这么说，我们常常在关注他人的举动时有理由抱怨，他们的经验中完全找不到一个例子去证明人们是出于纯粹的责任而行动的，而且是有意的。同时有些即使合乎责任的事情的发生，也很难去判定这一点，即便它们本身也是出于责任，也具备道德价值。因此，每一个时代的哲学家当中都有一部分人会否认，人们的行为是有意地出于责任的需求。但他们对道德概念的正确与否却不因此怀疑，反倒是用一种深切的惋惜之情来讲述人性的脆弱和腐败。高尚的人性足以借用一个叫人肃然起敬的概念作为自己的规范，但是它还是过于软弱，因此要守住它还显得很困难。本应该作为立法依据的依据，却当作爱好的个别兴趣来对待，顶多就是和他人尽可能地保持一致就算了。

实际上，仅靠经验是不能很准确地判定个别情况的，判定一个行为是不是合乎责任，最重要的准则还是道德依据，并以责任观念为基础。有的时候，这种情况出现虽是通过无情的自我反省，但是除了和责任相关的道德依据以外,几乎没有什么东西可以有力量去促使我们进行各种善良的活动,去忍受巨大的牺牲。但尽管如此,也不能有把握地说明,那表面的理想背后是不是还隐藏着会实际的利己的动机,而这个动机是作为意志所固有的,并起到决定性作用的原因而存在的。我们总是爱用一种虚构的高尚动机来哄骗自己,但是实际上经过严格的反省后,就永远都弄不明白自己隐藏着的动机。因为从道德价值的层面来说,只是着眼于那些人们看不见的原则基础上的行为,而不是人们看得见的那些。

110 何为道德规律

认为道德是人们因为浮夸而从脑子里虚构出来的人,如果知道责任纯粹是从经验的引导中来(因为贪图享乐,人们还是愿意把这一原则应用到其他的所有概念上)的结果,他们就会因此而高兴不已。这无疑给他们决定性的胜利奠定了基础。我承认大多数人的大多数行为出于对人类的爱,是合乎责任要求的。但是,如果走近一步再去观察人们那些忙忙碌碌的活动,就会在不经意间碰到那个与众不同的、可爱的自我,这个自我是那些行动所着意的,它并不要求更多的自我牺牲。随着人们年龄的增长,判断所获得的经验会更加敏捷,观察力也会变得更锐利。冷静的观察者不需要与德行为敌,他是不会把对善良的热切盼望和现实混为一谈的。有的时候,他还会去怀疑这世界上是不是有真的德行。此时,我们关于责任的全部理想会全体幻灭,对道德规律的真诚尊敬就会从心灵当中销声匿迹,除非我们还抱有一个明确的信念。虽然尚且没有从纯粹的源泉中涌现的行为,但是不是说这些事情在这里可能出现,而是说明独立于经验之外的理性,本身就会规定这些事情必须在这里出现。因此那些直到现在没有事例可以证明的行为,尽管将经验视为一切基础的人,也怀疑这是否行得通,不过他们还是会毫不犹豫地接受理性的规定。比如,有人一直都没有一个真诚的朋友,但仍旧不折不扣地希望每个人都在友谊上保持纯洁。作为责任的责任,可以不顾一切,就认为真诚的友谊必须通过先天的依据而存在于意志的、理性的观念之中。

进一步说,只要有人去否定道德概念的真理性,或是否定它同任何一个可能的对象之间存在联系,他就必须承认,道德规律对人和对其他一切有理性的东西都具有普遍的意义,并且是在任何条件下,都必须是完全地产生它应有的效力。这样一来就很明白了,经验是不能用来作为依据的,特别是用来推导这些本真的规律的可能性。倘若这些规律都和经验有关,而不是将纯粹和时间的理性作为它们的源泉,那么我们又有什么权力用那些只是偶然适用于人们的东西,作为所有事物都适用的普通规范,还要求所有人都无条件地要去恪守它呢?我们又有什么权力只规定我们意志的规律,还将它当作所有有理性的东西的意志的普遍规律,这归根到底不还是在规定我们自己的规律吗?

举例子来说明道德的东西是一种不完善的做法。因为,所有举出的例证它们本身就应该在事前对照道德准则来审查,看看是否可以作为原始的佐证,也就是说把它当作榜样,但是却不能增加道德概念的分量。圣经上说到的至圣,在确认之前也要和道德完满性的理想进行对比。关于它自己是这么说的:"是什么叫你把你看到的我称作善?一切东西都不是善,都不是善的原型,除了你所看不到的。"那么我们该从什么地方去获得至善的概念呢?想来,只有依靠来自理性在早先已经定制下的道德完满性的理想了,并且同意志自由的概念联系在一起。通常例证只能起到鼓舞的作用,也就是把规律所规定的东西变成可行的,不可怀疑的东西,把实践规则一一用通俗的方式变成人们看得见的,摸得着的东西。但是不能就因为这个,就把理性中的原型给忘了,只是根据例证来行事。

111 理性的客观命令式

在这里,我们不仅仅是为了从最一般的值得重视的道德评价中,像是前面已经做过的那些去抽取一些哲学的评价,而是要从例证当中去摸索大众哲学,经过各个不同的自然阶段,进而不再局限于经验,而是在这个学科当中融会贯通。理性知识的内涵是可以直接通往形而上学,就是例证已经失去作用的部分,我们必须依照顺序去讨论理性的实践能力,从普遍规定的规则,到责任概念的探讨都需要很详尽的分析和描述。

自然界的所有事物都是在规律下起作用的,只有理性的事物是可以按照规律的观念去行动,或者也可以称作是它们具有意志。既然理性是规律付诸实践的关键,那么要是理性已经完全规定了意志,有理性的事物就会被认为是客观必然的行为,但同时也属于主观必然。换句话说,意志具备这样的一种能力,它只选择那些实践上必然的东西,当理性不受爱好的影响的情形,也就是说,它选择那些善的东西。倘若理性无法完全控制意志,意志还是那与客观不十分一致的动机左右的主观条件,那么它就会被认定是客观必然的行动,也就是主观偶然了。对于客观规律来说,意志的规定就是必要性,就是说,客观规律在一个尚未彻底善良的意志来说,是被视作是一个有理性的事物被一些理性的依据所控制,而意志在其本性来说是不会必然接受它们的。

客观原则对意志的强制性,可以把它的概念称为理性命令,而对命令的形式表达则被称为命令式。

所有的命令式都要用应该这个词来表示,从主观状况来讲,它所代表的理性客观规律和意志的关系,其中的意志并不要必然地被决定的,而是一种强制。人们常常判断做哪件事好不好,这顺从的意志不总是去做那些它看来是好事的事情,实际上善是有理性观念在决定意志,不是主观的原因,而是客观的原因。也就是说,每个有理性的事物,作为理性事物要接受的依据,它不同于乐意,乐意主要还是这个人在感受上接受的主观原因,它是通过感受来影响意志,而不是理性,不是全部人都接受的依据。

一个完全善良的意志,同样也必须服从善的客观规律,但它是不会被看作被规律强制着来行动的。就它本身的主观状况来说,这些就是在善的观念下决定的。因此命令式是不适用于意志的,通常情况下,对神的意志都是不适用的。在这里,意志天然地就和规律是一致的,应该再没其他的生存之处了。所以命令式只是在表达意志的客观规律,以及那些有理性的事物和不完全的意志,像是人和意志之间关系的一般公式。

所有的命令式都是假言的,或者说是定言的。假言命令会把一个可能的行为的实践必然性视作达到人的愿望的一种手段。而定言命令是据对命令,它把行动本身自行视作客观必然,和其他的目的无关。

一切实践规律，把所有可能的行为都看作是善良的，从而对一个可以被理性实践决定的主体来说，这是必然的。因此，命令式几乎全部都是必然地依据某种善良意志规律来规定行为的公式。只有假言的命令才是作为达成某种目的的手段，并因此成为善良的行为。要是行为本身就被认定是善良的那个，还必然地处在一个合乎理性的意志当中，那么这种原则的命令只能是定言的。

命令式证明了哪些可能的行为是善良的，还提出了和意志相关的实践规则，但意志并不因为行为是善的就立马采取行动。这么做一方面是因为主体不总能判断行为是否善良，另一方面，即使是可以判断的话，主观的准则也可能和实践的客观准则相抵触。

假言命令表明在一定可能的角度上，或是在一定的现实角度上看所有的行为都是善良的。在第一种情况下，它可能是实践原则，而在第二种情况的时候，它就是实践的实践原则了。定言命令则是宣称行为自身就是客观必然的，不需要考虑任何意图，也不用考虑其他的任何目的，就可以作为一种必然的实践原则。

112 意图与命令式

某个理性的事物，因为它自身的力量而可能产生的事物，人们有可能将其想象为某一意志的意图。所以，那被认为和实现意图有关的必不可少的行为原则,实际上非常地多。一切科学都有自己的实践部分,它通过任务向我们指出能够达到什么样的目的,以及如何达到。为了达到这一目的而作出的支出就可以称作技艺性的命令。至于目的是否合理、善良的问题这里就不做探讨了,人们这么做的目的就是要达到这个目的。一个医生完全治愈一个病人的决定,和一个投毒者要毒死某人的决定,都是为了服务某种意图,从这一点上来看它们在价值上没有什么区别。一个人在少年时代,对于生活中可能遇到的目的没有概念,因此父母就要事先让孩子学会应付各种各样的事情,这样他们才有可能随便采用其中一种来达到某个意图。毕竟他们是无法确定这些意图是不是以后孩子真正要面对的目的,所以孩子们这时候学会的技能都是或然的。因为迫切地想学会各种技艺,一般他们都会忽略去判断为自己所选的事物的价值进行判断,以及如何去校正这一判断。

不过,一切理性的东西,在作为命令的独立对象之前都要有个共同的前提,它不仅仅是一个或然具有的目的,而是一个确定无疑的前提,依据自然的必然性所形成的完整意图,那就是对幸福的意图。要是把行为的实践必然性也看作是满足幸福需求的工具,那这必然是假言命令。别把这样的命令看作是不可靠的,仅仅是和或然意图有关的必然性,这个意图可是每个人的本质,是每个人生来就已经确立的前提。从狭义的角度上来讲,人们可以把选择和自己相关的幸福的工具的技巧称为机智。从而,和自己幸福有关的工具选择是命令式,是机智的指示,它只能是假言的,行为不是出自本身,而本身只作为实现其他目的的工具和手段。

最后还有一种命令式,它可以直接不借助其他事物就去决定人的行为,它总是通过某种行为来实现意图。这样的命令式是定言命令。它所关心的不是行为的质料,不是行为的结果,而是行为的形式,也就是行为所遵循的原则。在行为中,信念是本质的善。结果如何就悉听尊便了。这样的命令式才能称作是道德命令。

依据对意志强制性的程度的不同,可以把这三类原则加以明确地划分。为了更明确这种划分,我想最合适的做法就是这样称呼它们,或是适宜规则,或是机制规劝,再或是道德规律。只有规律还有伴随出现无条件必然性的概念,客观的、普遍使用的必然性概念。诫律是必须服从的规律,就算和爱好相悖也必须强制执行。而规劝包含的必然性就只有在主观的、偶然的条件下,在某人认定了某件事可以给自己带来幸福的时候才会起作用。与之相反的是,定言命令是不受任何条件限制的,它的必然性是绝对的,并具有实践性的,只有它才是名副其实的诫条。人们可以把第一类命令式称为技术性的,就是工艺的命令;而第二类就是实用性的,和福利相关的命令;第三类则是德行的,属于自由命令,是道德的命令。

113 如何实现命令式

现在有个问题产生了,这些命令式是怎么成为可能的?这问题不需要知道命令所规定的行为是如何完成,它要知道的是怎样去理解命令在行为中所表现出来的意志强制力。一个技术命令怎么成为可能不需要解释,只要理性对行为有决定性的影响的话,谁想达成某种目的的话,只要在力所能及的范围内,它就同样要求有达到目的应有的手段。从意愿的角度来看,这命题是分析的,因为愿望要达成某种目标,就会将其作为我的后界,这是把自己当成一个行动者的原因,也是把自己当成一个工具的使用者。从这个意图中所引申出来的目的,正是命令式可以引申出必然行动的概念来的方式。为一个基地你敢意图去规定工具或是手段,是需要综合命题的,它所设计的不是意志的活动,而是目标的实现。例如,要在一个可靠的原则之下,把一条直线分为两个相等的部分,首先我要把它从两端做两个圆弧,数学家一般是用综合命题来讲解这个原则的。不过,我知道要通过这样的办法才能达到预期的效果,我还想到要是要让这个目标圆满完成的话,就必须采取相应的行动,这就成了一个分析命题。所以某物要是被看过是通过我的某种手段而达成的结果,和我为了达成某个目的而以某种方式活动,这完全是两回事。

机智命令,如果只是简单地去确定幸福的概念,那就和技术命令在分析方面是一致的了。在这两种情况下,谁都要根据理性的必然要求,在自己力所能及的范围内达成目的,因此,人们是需要达成这一目的必不可少的手段。可惜,幸福是个不确定的概念,尽管大家都期待幸福,但没有人能确定,就算是前后表达自己所期望得到的东西也不见得是一致的。原因就在于,幸福的概念所包含的因素都是经验的,都是从经验当中借用来的。另外,只有我们的现在和将来的幸福状态的全部才能构成幸福的概念。所以,一个洞察一切,无所不能且有限的东西,是无法从自己当下的愿望中创造出一个确定的概念来的。他需要财富吗?这会不会有更多的烦恼、嫉妒和危险呢?他想要博学吗?或者这只会让眼光更为尖锐,让自己看到了迄今为止还未发现却无法避免的邪恶,势必引起不必要的恐慌,还把更多的要求变本加厉地给自己已经备受折磨的欲望加压。他想长寿吗?谁敢说他不会因此承受更长久的痛苦呢。健康本身是无害的,但是虚弱的身体可以避免一个健康的人陷入放纵。这样的例子还有很多很多。

简单说,他是不可能找到一个确保他的幸福可以万无一失的原则。只有无所不知才可能做到这一点。幸福不能给行为一个确定的原则,因此行为只能听认,像是生活要严肃、节俭、待人要礼貌要谦恭等等。它们教导人们要生活如意的话就必须这么做。这样说来,机智命令,严格地说对一切都不做很多的限定,也不把行为看成是客观的,或是实践上是必然的,与其说它们是理性诚命,不如说是理性的规劝。有理性得到普遍幸福所必须的是不能一劳永逸的,而是要规定什么样的行为才行。因此,严格上说,幸福不是个理性的概念,是想象中的产物,机智命令就不会去命令人们做让自己幸福的事情。以经验为依据,人们是不可能去期待经验为依据去规定一个行为,它必须是一个无限因果的总体。不过,人们要是承认,自己达到幸福的手段是万无一失的,那么所谓的机智命令也不过是分析的实践命题。它与技术命令的区别在于,后者的目的是可能的,而前者的目的则一般是无法确定的,两者都是通过人们制定手段来达到目的。在这两种情况下,命令的作用都是给想要达成目的的人指引方向,指示手段,所以他们都是分析的。因此,对于这样一个命令式来说,它的可能性是不困难的。

道德命令就和这个正好相反了,道德命令是如何可能的,这本身就是唯一需要回答的问题。它不是假言的,所以不能像假言命令那样把自己的客观性建立在前提上。要时时注意,不要通过例证要通过经验来证明什么地方有这种命令式,还要时时提防,那表面上看起来都是定言的命令式,可能本质上是假言的。就好比说,人们为了避免某种必然性的出现,总是规劝那些邪恶,你不应该言而无信,如果他们不能兑现自己的诺言的话,一旦谎言被揭穿了以后就会失去信用,所以必须把这种行为看做是一件坏事。所以诚律的命令是定言的。不过,人们并不能通过例证就准确无误地证明,意志只是被规律所决定,其他的则都不起作用,尽管表面上看上去确实如此。因为,惧怕羞辱,或是对某种危险所有的模糊的担心的,都会对意志产生影响。如果没有,只不过是我们尚未发现,谁能证明它并存在某种原因呢?在这种情形下,表面上看着是无条件的定言,实际上道德命令应该是一种实践规范,它会依据我们的便利来制定,还十分尊重。

因此,对定言命令的可能性应该要进行全面地研究才行。因为在这里,我们是不方便从经验中找到它的现实性的,所以这能说明它的可能性,而无法证明。有一点很重要,那就是只有定言命令才能算得上是实践规律,其他的充其量只能算是意志原则,算不上是规律。那种仅仅是为了达到某种预定目的的必然的东西,只能被看作是偶然的,一旦我们放弃这个目的,这些规范对我们就毫无效力了。意志无条件的诫律就完全相反了,它没有任何自由去选择,因为它本身就具备我们所要求的某种规律的必然性。

另外,这种定言命题或是定言顾虑,究其依据,或是发掘其可能性的话是有很大的困难的。它首先是一个先提先天性的综合命题,在理论认识当中,去寻求这命题的可能性已经不容易了,可想而知,在实践领域只会更少。

对于这一课题,我们首先要研究,单纯的定言命令的概念能否向我们提供一个公式,就包括唯一能成为定言命令的命题。因为,虽然我们很了解这种绝对诫条的主要内容,但是它要如何成为可能,我们还要在下一章当中花很大的篇幅来特别解决一下。

一般来说,设想一个假言命令的时候,除了我们已经了解的条件以外,事先谁都不知道它的内容是什么。但是在设想一个定言命令的时候,我马上就可以知道它的内容是什么。命令中除了规律以外,必然还涵盖了和规律相符的准则。只不过规律中不包含那些限制自己的条件,所以,除了行为准则要时时符合规律的普遍性以外就没有什么其他的了,这样相符的情形,才会让命令式自身认定是必然的。

因此,定言命题只有一条,就是,它必须是按照个人并且还是普遍的规律去行动。

现在,要是要把一条命令作为原则,并由此推演出一切其他的命令式的话,那么我们还缺少对那被认为是责任的东西的了解,那还是个空洞的概念,但至少我们可以表明,在这里我们想的是什么,这个概念说明的是什么。

114 责任的普遍命令

因为规定后果的规律具有普遍性,那么在普遍的意义下,在形式方面,就有了称之为自然的东西,换句话就是事物的定在,这是普遍规律所规定的。因此,责任的普遍命令也可以看做是这样:你的行动就是在你的意志作用下,把自己的行为准则变成普遍准则的自然规律。

现在我们就举出几种责任,根据习惯来分为对自己或是他人的责任,以及完全的责任和不完全的责任。

1.一个人经历了一系列无法避免的邪恶事件后,就会感到心灰意冷,对生活提不起精神。但只要他还没有完全丧失理性,就请问一下自己,自己剥夺了自己的生命是不是没有一点自己的责任?请思考一下这样一个问题,自己的行为准则会不会变成一条普遍的行为规律。他本身自己的行为准则是随着生命的不断延长,所带来的不是幸福和满足,而是越来越多的痛苦的时候,是不是可以将缩短生命视为对自己最为有利的做法呢?还可以继续问,这个做法是不是可以成为普遍的自然规律呢?这样一来,人们就会发现,通过情感来促成生命的提升的自然居然把毁灭自己的生命作为普遍规律,这显然是自相矛盾的,明显是不能作为自然规律而存在的。那么这样的准则因为无法与责任的最高原则相符,所以是不可能变成普遍的自然规律的。

2.另一类人,因为困苦穷迫觉得自己需要借钱,但是他也明白,自己是无力归还的。但当他向他人借钱的时候,他如果不明确说明一个归还期限的话,他就什么都借不到了。于是,他很乐于做这样的承诺,不过自己的良心还尚未泯灭,还常常会扪心自问:是不是自己用这样的手段来摆脱困境,就显得太不合情理,或是太不负责了?假如他仍然想要这么做,那么他的行为准则就是:我需要钱的时候我就去借,我会承诺什么时候归还,但实际上我根本偿还不了。这样自私的原则,将来可能会一直占便宜,但是现在呢,这么做是不是对的呢?要是这么一条自私的原则变成一条普遍的原则的话,问题就会出现:一旦这样的话,事情会变成什么样呢?由此我们就可以发现,这一条准则要是成为普遍的话,那势必也要陷入自相矛盾中去。一个人在认定自己处在困难的处境中的话,就会把不负责任,不信守诺言当作一条普遍的三原则,那就会让人们所有的诺言都成为空谈,没有人会去相信人们做的任何保证,只会将这种承诺看成是一种骗人的把戏。

3.第三种人,是那种接受了文化教育,在多方面都很有才能,且很有用的人。但是他也有机会选择终日无所事事,而不去发挥自己的才干。他可以好好问问自己,这种无视自己的天赋的行为,除了和自己贪图享乐的原则一致以外,还有什么能和人们所说的责任有关的东西吗?他又怎么认为自己可以依靠这么一条原则来维持自己的一生呢?人们或许可以像南海上的居民一样,只是享乐、繁衍,过着安逸的生活,而自己的才能被白白地荒废。不过,谁都不愿意这样的原则变成一条普遍性的原则,作为一个有理性的人,都是愿意把自己的才能从各方面发挥出来才是。

4.第四类人,是事事都一帆风顺的人。当别人还沉浸在巨大的痛苦中时,自己还有能力去帮助他们的时候,他们总是想这和我有什么关系呢?他觉得应该让所有人都听天由命,自己管好自己就好。他们对谁都无所求,也不去嫉妒什么人,不论他人过得好,还是不好,都不愿意去过问。一但这样的原则成为普遍原则的话,且持续一段时间的话,无疑人们就不会去谈论同情和善意了,遇到事情也不会表现出自己的热心,反倒是会去哄骗和出卖他人的权利,更甚者会去用其他的办法去侵犯他人的权利。即便这条原则可以作为普遍原则持续下去的话,人们也不愿意将其作为一条无所不包的自然规律。因为在这样的意志的决定下,人们会走向自己的反面。大多数情况下,人们还是需要他人的爱和同情的,有了这么一条出于自己意志的自然规律,他们就不再有可能获得他们所期许的东西了。

这就是责任在实际情况中的一些例子,至少我们是这么认为的。它的分类都是在同一个原则下进行的,是很明显的。人们是很愿意把我们的行为准则变成普遍规律的。一般来说,这就是对行为的道德评价的标准。陷入自相矛盾的行为,人们是不会把它当作是普遍规律的,也不希望把它作为普遍规律。而在另外一些行为中,即便没有这种内在的不可能性,也仍然不愿意将其视为普遍性的规律,就因为它是自相矛盾的。人们很容易就发现,前者违背了狭义的责任,后者违背了广义的责任。通过这些例子,就明显可以发现,全部的责任在约束力类型上是服从同一个原则的,而不是在行为对象上服从统一原则。

115 责任是对普遍规律的服从

　　假设当我们在违背责任的时候也可以留心观察，就会知道，自己不愿意视为普遍规律的东西实际上就是自己看来不成普遍规律的东西。我们不过是认为自己有自己的自由可以偶然地满足自己一次，为了自己的还好，仅此一次，下不为例。所以，假如我们从一个理性的角度来深刻地思考这些问题的话，就会发现我们的意志当中本身就存在矛盾。某一个原则在客观上必然是普遍规律，在主观上却不这么认为，还允许例外的存在。这样的话，我们就必须从两个方面来考察自己的行为，一个是理性的角度，一个是自己爱好的角度。在这里实际上也称不上是矛盾，就是理性和爱好的对抗。普遍性的原则，在这里遭遇了理性的实践原则的挑战。这种观点虽然还没有得到自己无偏见的许可，但是它证明了，我们已经承认了定言命令的普遍有效性。因此，在尊重定言命令的前提下，我们只得允许在万不得已的时候有一点例外的存在。

　　说到这里，至少我们已经说明了，如果责任是一个有概念的，并且有明确内容的，还可以对行为有立法作用的东西，那么这作用就只能适用于定言命令，而不是假言命令。更重要的是，我们已经弄清楚，包含着全部责任原则的定言命令的全部内容。只不过，我们还来不及去证明，这样的命令式是否真实存在，而且还完全自为地起作用，不依靠其他任何的实践规律，还有就是责任其实就是对这样规律的服从等等问题。

为了证明上面提到的这些问题，最重要的就是要注意，不要从人本性中的个性中引申出实在的原则。责任应该是一切行动实践的必然性，它是要适用于所有理性的东西的，定言命令也适用于它们。就因为如此，它才会是人类普遍的规律。但人性中的个别素质，往往从感情或是嗜好出发，只要可能，它的秩序是一种特殊的为人类所固有的，而对一切理性的东西不起作用的倾向就可以引申出规律，这些规律只能为我们所用，只是一些和个人癖好相关联的主观原则，却无法引申出和我们的癖好、自然素质相反的，我们的行为赖以依据的客观原则出来。所以，责任的诫条越是严厉，内在的尊严就越是崇高，主观原则的作用也就越少，就算是我们尽自己所能去反对它，但它本身的规律性约束并不会因此而减少，也影响不了它的有效性。

很明显，哲学在这里遇到了危机，它需要一个稳定的立足点，无论在哪它现在都找不到它自己的安身立命之所。于是，它需要去证明自己才是自己规律的主宰者，而非一个只会说一些不痛不痒的话的代理人。虽然代理人的位置也总比什么都不是来得好，但是终究它是决定不了那些理性的基本原理的，而且这些原理是先置的，且是无比高尚的。关于人的所有一切的权威，无疑都是来自于对这些原理的尊重，而不是出自于人的爱好，要是不这样的话，那就是践踏人，让自己蔑视自己，让自己充满了憎恶。所以，把一切经验的东西作为附属品对道德原则是一点帮助都没有的，反倒还可能去损害它的纯真。真正善良的意志所具备的，不可估量的价值，就在于它的行为原则已经摆脱了一切和经验有关的偶然因素。人的理性常常会在懒惰的时候，沉溺于梦幻之中，把一朵飘过来的彩云就当作是拥抱，把一些不同因素拼凑而成的，看起来谁像谁的混血儿就当成是道德。所以我们要不断提醒自己，不要粗心大意，防止自己的在经验的原因当中去把握行为原则的方式出现。但这一切在那些见过真正的德行的人那里就可以看出,它完全不是德行的模样。

不过,这里又有一个问题产生,人们的行为时候是不是什么时候都可以根据他们愿意变成普遍规律的那些原则来评价呢?这条规律对其他有理性的东西是不是通行的?如果有这么一条规律的话,那它是不是应该先和一个有理性的意志或是概念结合在一起呢?不过,人们要再往前走一步才会发现这方面的联系,简单说就是进入形而上学,进入一个与思辩哲学截然不同的领域——道德形而上学。在实践哲学中我们已经无法寻求到某事某物发生的依据了,我们要寻求的是某事某物应该发生的依据。这些事情也许一次都未发生,但我们所关注的是客观规律。我们不问某一事物是否合意的理由,不去区别满足的是感觉还是情趣,不去区别情绪或是理性满足的区别,不去探求快乐和痛苦的基础,不去问为什么会有欲望或是爱好由此产生,还在理性的协助下制定出了种种准则等等。这些都是经验心理学的范畴,它是构成物理学的第二部分,凭经验为依据,人们通常会把这个当作自然哲学。这里我们谈到的客观客观规律,是指意志和自身的联系,它本身为理性所规定,还把和经验有关的东西都排除在外。理性是通过自身来规定行为的,如果要研究其可能性,就必须先做这些事情。

116 目的王国的普遍立法

所有有理性的东西都会立足于自身意志的普遍立法概念，由此出发去评价自身的行为，然后获得一个和这个有关的，并富有成果的概念，也就是俗称的目的王国概念。据我所了解的情况来看，王国似乎就是一个由普遍规律约束的，由众多有理性的事物构成的庞大体系。规律主要是用来规定目的的普遍有效性，所以，要是把有理性的事物的个性抽离掉的话，再剥离个体私有的目的，人们就可以会想象自己身处在一个既有联系、系统化的，又包含每个人自身设定的个人目的的王国当中。另外还将有可能是按照上述原则存在的王国。

所有理性的东西都要服从这样的规律。无论是谁都不能把自己和他人当成是工具，无论是什么时候，他必须将其看作是目的。这样一来，一个由普遍客观规律约束起来的理性体系就产生了，也就是产生了一个王国，这个王国无疑不仅仅是个理想的包含目的的王国，因为那些规律也是要着眼于这些事物彼此间的目的和工具的关系的。

这个王国里的每个公民都是理性的事物，即便在这里他是普遍的立法者，但同时他的身份也要求他服从这些法律，即便他是这一国的国王，立法时的他是不需要去听从异己的意见的。

任何有理性的事物，随时随地都要把自己看作是一个意志自由的，处在目的王国中的立法者。他可能是这个王国中的成员，也必须是这个王国里的首脑。摆脱了一切需要就可以完全独立了，而且还可能在意志力不受限的情况下，保住他首脑的位置。

因此，我们不可能把得到和立法活动能够分得很清楚，当通过这种行为，目的王国也许能做到这一点。任何有理性的事物都具有立法能力，所谓的法律和规矩只是它意志的产物。它的原则是，无论什么时候，行动必须保持和普遍规律一致才行，因此立法就必须是它的意志通过准则来完成。假设这些准则无法因为其本性和那些有理性的事物的客观原则一致的话，那遵守以上原则而行动的必然性，就是实践必然性，也就是我们说的责任。王国中的首脑一般不苛求他的责任，但是其他成员都必须担负相同的责任。

照这项原则而行动的实践必然性，也就是责任是不以情感、冲动和爱好为转移的，它所产生的基础是理性。因此，在这样的关系当中，每个有理性的事物的意志，无论什么时候都要被视作是立法的意志，否则它就称不上是自在的目的的了。由此，理性把逐个的意志的准则同其他意志的准则一一联系，成为普遍规律，同时也把它们和自身的每个行为联系在一起。这种联系不是为了让实践动机受益，单纯只是因为一个有理性的事物的尊严观念。毕竟理性的事物是不会服从其他的任何东西的，除了在立法方面。

117 价值和尊严

目的王国里的所有事物，要不具有价值，要不就是有尊严。有价值的事物被其他事物所替代，这是一种等价的表现，尊严则是超越了一切价值，没有等价物可以交换的。

市场价值是值得同人们的普遍爱好和需求相关的东西。而欣赏价值，则是不以需求为前提，只和某种情趣相适应，满足人们趣味的那些无目的活动的东西。那些构成理性事物自在目的存在条件的事物，才既有相对价值，又有尊严可言。

因此，道德必须是所有理性事物作为自在目的存在的唯一前提条件，因为要成为目的王国的立法成员必须先通过道德。有尊严的事物，必须是与道德相适应的人性才是。工作上灵巧、勤奋且有市场价值，聪明、富有想象力和情趣，具有欣赏水平，这些都是出自于本能的内在价值，信守诺言、坚持原则则非本能的内在价值产生的。自然和人工的东西是没有这些属性的，所以它们是无法替代的。这些属性来自于意志，是意志的准则所产生的，所以它们不在于由此产生的后果，也不在于它们所具有的功用等等。这些准则即便尚未取得应有的结果，但是已经用自己的方式表示出来了。而这些行为也不奢望主观意图可以对它们进行表彰，而不期待可以直接造福于人。它们总是漠然，且无动于衷。人们把自己所紧系的活动的意志视为直接尊重的对象,只有理性才会把意志加到这些行为之上,人们是不可能诱使意志这样行动的,总的来说,这是和责任相抵触的。如此的评价说明,这样的思想方式本身就是尊严,它无条件地凌驾于所有价值之上,价值若是企图和它相比,那无疑是在侮辱它的圣洁。

那么是什么依据可以给道德的善良意向或是德性做出如此高的评价呢?这显然是因为,理性的东西之所以具有普遍立法参与权的理由就是它,而有了这种参与权的才是目的王国的成员。所以,作为自在的目的,理性事物的本性就将其规定为目的王国的立法者。它对任何自然规律来说都是自由的,它只对自己所制定的规律负责。它自身的准则,就是根据这些规律来让自己服从普遍立法的。除了规律或是法律所规定的价值以外,就没有其他的价值了。立法本身是唯一具有尊严的,具有无条件的,不可比拟的价值的东西,也是为一个配得上理性在赞扬它时用尊重这个词的事物。所谓的自律其实就是人和理性本质尊严的依据。

上述列举出来的观察道德原则的三种方式,归根结底都是同一规律的不同公式罢了,其他的每一个都包含着其他两者。它们之间尽管有区别,但与其说是客观实践的区别不如说是主观的,它们的目的都在于通过某种类比把观念和直观拉近,还由此情感接近。这其中的准则包含:

1.表现为普遍性和道德命令的那种公式,在这个方面,就会变成这样,它所选择的准则,就应当是具有普遍自然规律那样效力的准则。

2.作为目的的质料。这个公式说有理性的东西,其本性就是目的,而且这目的是自在,对任何准则都起作用,只有对单纯相对的随意目的起到限制作用。

3.通过上述的公式对全部的准则作出规定,也就是说,所有的准则都通过立法这个渠道保持和目的王国相一致,就好比对一个自然王国一样。

这样的进程也和意志范畴的诸多进程是一样的,形式单一,意志普遍,质料众多,目的也是众多,另外体系也具有整体性和全体性。当道德作出评价的时候,最好的办法就是以严格的步骤循序渐进,先用定言命令的形式作为基础,自己所遵从的准则其自身就可以成为普遍规律。要是人们还愿意给道德规律开一个入口的话,那就可以让行为依此按照上面的三个步骤,采用相同的方式就能让它和直观拉近距离了。

我们可以在我们开始的地方结束,因为一个无条件的善良意志而结束。意志始终都不会是恶,如果要把它的准则变成普遍顾虑的话,是永远不用去担心它会自相矛盾的。所以,任何时候都要按照那些你愿意将其普遍化的准则去行动,而这些原则就是善良意志的最高规律,也是意志绝不会反对的唯一条件,这种命令式是定言的,毕竟它作为可能行为普遍规律的意志,它的有效性是可以依照作为一般形式的普遍规律而形成或是存在的事情的联系。由此看来,定言命令还可以表述为行动所遵循的准则,还要同时可以让自身成为普遍规律那样的对象。所以,这就是彻底善良意志的公式。

118 理性自然

这样说来,理性自然和其他自然的区别实际上在于它给自己设定的目的。这个目的实际上就是一切善良意志的质料。所有善良的意志理念中是没有达到这种或那种目的的限制的,所有设想都是要被抽离的,因为这样的目的会使意志变成相对善良的,因此,这里的目的只能是自在的目的,而不能是设想的目的。它只是在消极方面进行思想,且永远都不能有和它相违背的行为,不能永远都被看作是个工具,任何时候都要被当作任何意愿的目的而备受珍视。这个目的不是所有可能目的本身的主体,则主体可能会是彻底善良意志的主体,那如果这意志还适用于其他对象,那就必然有矛盾出现。不管是自己还是他人,任何对待理性的行为都必须去遵循作为自在目的的准则。这个原则在本质上和另一个基本命题是一致的,行为所遵从的准则,要在自身内部包含对每个理性的事物的普遍有效性才可以。为了某种目的去使用某个工具的时候,记得要把自己的行为准则作出限制,必须是它的普遍性对任何主体都有效作为前提条件,不但如此,还要将其作为限制工具使用的最高条件,换句话说就是不管什么时候都要被当作目的,这是一切行为的基础。

　　这样我们就可以得到一个无可争辩的结论,所有作为自在目的的理性事物不论它遵循什么样的规律,法律都确定它作为普遍立法者的身份。也就是因为它的准则适用于立法,理性的事物才和其他事物有所不同,而不同就在于它自在的目的,就是这个让它有了超越一切自然物质的尊严和优越性。它的准则不但什么时候都会从自身出发,也会从作为立法者的其他理性物质出发,而这一点也是它作为人身的根本理由。依照这样的方式,一个充满了理性事物的世界,才可能是目的国王,从而再通过立法把所有人身涵盖进来变成它的成员。因此,所有理性事物的行为,它们的准则是要以一个目的王国里的成员为标准的。这些准则的形式原则是,行动就要让自己的准则具有普适性。只有当目的王国和自然王国相适应的时候,才能保证前者遵从准则,遵从外在在自身身上的规则,而后者遵从的则是由内至外的必然规律,虽然整个自然在人们看来已经是个大机器,但由于它以理性的事物为目的,并与之关联,名为自然王国。像这样的目的国王必须由准则来转变为现实,而这些准则必须借助于规则把定言命令加在理性事物的身上,这样才能方便他们去遵从这些准则。

任何有理性的事物,别去奢望其他人也可以和自己一样努力恪守这些准则行动,即便他自己总是十分尽力去一丝不苟地按照那准则行事,也同样不能奢望自然王国和它井然有序的秩序可以让所有人都和以此为目的的目的王国中的成员保持一致,简单说,就是不能奢望所有人的希望欲望得到满足。话虽这么说,但是在这个王国里所依从的准则,可能且只能是这个王国普遍立法者所遵从的准则,即便是一个具有发号定言命令的成员,也必须遵从。只不过这么一说就会有个悖论产生,既然有理性的自然人,有尊严,而且他是不会去计较因此获得的目的和效益,从而只有对理念的尊重才是意志不可更改的规范。与此同时,准则的崇高正独立于这一切动机当中,要不是这样,它就必须去服从它所需要的自然规律了。虽然可以这么想,主宰自然王国和目的王国的统帅是同一的。这样的话,目的王国就是实实在在的存在了,就不只是一个观念了,而且它的动机观念也会因此增强,尽管它的内在价值并不因此增加。虽然这么说,但那些全然不受限制的立法者还是认为,只要从大公无私的角度,或是从赋予人们尊严的理念来评价理性事物的行为,是不会因此改变事物的本质的。而那些与此无关的事物构成了人的本质,不论是谁,就算是最高的存在,都要从本质上来进行评价。

道德是通过准则和可能的普遍立法的关系,即行为和意志自律性的关系。我们许可合乎意志自律性的行为,但是不允许那些不符合意志自律性的行为。这些准则和自律规律必须符合的是神圣的、彻底善良的意志。毫无善良的意志给予自律原则的依赖和道德强制性是约束性的。一种出于约束性的行为客观必然性,就是责任。

就以上所说的那些,人们是很容易弄明白的。尽管责任概念上,我们会感觉到规律的规范性,但是我们还是认同那些尽了自己全部责任的人,在某种意义上来说是崇高的,有尊严的。之所以这么说,是因为他是这规律的立法者,和他服从这规律没有因果关系。就因为如此,所以他才会服从。我们在前面已经提到过了,尊重规律,而不是惧怕或是爱好,才是动机给予行为的道德架子。只有当意志是在普遍立法的情形下行动的,还算得上具备普遍立法的能力,即便如此,也要服从同一规律。

119 作为道德最高原则的意志自律性

意志的自律性,是意志之所以可以成为自身规律的属性,这个属性是不管对象是谁都生效的。所谓自律原则指的是,同一意愿中,只要选择的准则属于普遍规律,就不要再做选择了。这是一个命令式的实践规则,换句话说,所有有理性的事物的意志都必须受到它的约束。只是这命令式是个综合命题,不能一一拆开其中的概念来分别证明。我们要通过对对象的认识,进而到主体的批判,最后到纯粹实践理性的批判,很显然,这一章要我们做的并不是去认识这个综合命题。但是通过道德概念的解剖我们可以完全认识到自律性是道德的唯一准则。解剖中我们会发现,道德原则只能是定言命令,而这命令所发出的号令,恰好就是自律性。

120 意志的他律性

假如意志除了能让自身的准则去适应普遍立法以外,还能走出自己,在某个对象的属性中找到规定它的规律,就会产生他律性。所以,对象是通过和意志的关系来规定意志的规律,而不是意志本身所为。这种关系,不管是以爱好为基础还是以理性表象为基础,都是假言命令,都是根据我所想要达到的目的,来决定我要做的事情。所谓的定言命令,是和这个相反的,只能是我并不因为某种意愿去做什么样的事情。就好像,前者说,我不能说谎,这是为了我的信誉考虑;后者则会说,就算是不会伤害我的名誉我也不会说谎。自律的人要让对象不去左右意志,通常都会摆脱所有的对象。因此实践理性和意志先不着急去约束异己的关切,证明自己的威信才是最高的立法。就比如,我必须提升他人的幸福,不是只考虑要从中得到什么好处,不管是直接的还是间接的,都不应该这么去考虑,而要想想仅仅是因为排斥他人幸福的准则,是不能被作为普遍规律的。

121 以他律基本概念为依据的道德原则分类

　　这里和别处没什么不同,在批判之前,人类理性都必须走过一段弯路才会走上正确的道路。

　　就这一角度来说,所有的原则有可能是经验的,也可能是理性的。前者从幸福出发,通常是以自然或是道德的情感为依据;后者从完善的原则出发,它要不然让完善的理性概念发挥效力,要不就是让独立的完善和神的意志成为决定因素。

　　不论身在何处,这些经验原则都不太适合作为道德规律的基础。道德或立足于人性的特殊结果的,或立足于人们所处的偶然环境,它对一切有理性的东西不曾具备有效的普适性,自然也就不会给予理性的东西实践必然性。之所以要排斥个人幸福,前期的经验已经证明,不单纯是因为该原则是虚假的,也不单纯因为这个原则和道德的建立不存在任何关系,还因为人的处境越优越,他的行为就可能出现优越的幻想,可这是没有依据的。毕竟让一个人成为幸福的人和成为善良的人是两码事,前者是让自己占便宜的智慧,而后者是让自己有德行的智慧,这完全是不相干的两个东西。过分强调个人幸福这个原则所提供的道德动机,是要败坏道德的,它会破坏道德的崇高性质,几乎把善的动机和恶的动机混为一谈,完全抹煞了二者的区别。还有,道德感原本是被认为是人类最特殊的情感,也在这种原则之下作用也在不断地减少。那些缺乏思想的人，就觉得情感就是他们的出路，即便是那些使用普遍规律的事情情感也可以通行无阻。只不过程度上天然就有无限差别的情感是很难在善恶之间给出一个标准的，一个人感情用事的时候如何能公正地评价他人。情感虽说和道德还有尊严是很接近的，它是可以让德行承受对它的称颂，但是没必要当面称赞，人们对它的追求在于它的功用，而不是它的美好。

那些道德的理性原则之中，神学概念是不如完善性的本体论概念的，虽说这一理论看起来总是空洞的，不确定的，我们甚至不能在一切实在的领域中找到一点点和它吻合的东西来。同样地，这里所说的实在性和其他实在性的区分它也是无能为力的，它是找不出它们各自的特质的。应用它的话容易陷入循环论证，因此只得将必须阐明的道德暗暗作为说明的前提。反观神学概念，从绝对完善的神圣意志中来的这个学说尽管不如本体论，那是因为我们无法直观地面对它的完善性（除非我们可以从自身的道德概念中引申出来），还因为当我们想直面的时候也容易陷入循环论证。而那些还剩下来的关于神圣意志的固有属性，即对荣誉和主宰的欲望，就会和对威力和报复的恐惧观念结合在一起。想想，我们若是基于这样的道德体系，那肯定是和道德背道而驰的。一般完善的概念和道德概念，二者都不能作为基础，但不至于去削弱道德。如果一定要在两者中进行选择的话，我是要选前者的，它至少可以让我脱离感性，走向纯粹的理性。即使它无决断，但是完好地保存了自在善良的意志，等待下一步的规定。

最后，我认为不用去尽力辩驳这些学说。其实，这辩驳不是很困难，但是那些因为职务关系，应听众要求的不得不做说明的人，就会将其解释得十分清楚了，所以，我所做的辩驳就成了多余的了。这里，我必须指出的是，这原则给道德提供的最初基础就是意志的他律性，正因如此，这必然是牛头不对马嘴的。

不管在什么地方，要是规定了意志，还把意志的对象作为这种规定的基础，那这规定势必是他律性的，这样的命令也必然是有条件的。所谓的条件就是人们必须因为某人意愿的对象确定自己要如何，应该如何做等等。所以这么看的话，它就一定不会是道德命令，或是这定言命令。不论对象是不是通过爱好，并像个人幸福原则那样规定意志或是通过我们可能意愿的目标的理性，像完善原则那样规定意志。总之，意志是永远不会直接通过行为的表象来自我规定的，而是借助意志的预期效果，把预期的效果作为动机来规定自身。我之所以做这件事情，只是我有另外一件事情的意愿所在，主观方面，这里一定还存在其他的规律作为基础，按照这一原则，我必然对其他事物产生意愿，而同时这样的规律又要求以另外一种命令来限制准则。对于主体意志的动因来说，它是通过主体自身力量，来获取的结果的表象，与主体的结构基本一致。主体的本性包含了这种动因，以及它的感性、爱好和情趣，甚至是它的知性和理性。严格意义上来说，就是自然造就规律。这样的规律本来只是自然的规律，它需要通过经验来证明，由此看来它也是个偶然的事物，是不能够包括道德原则在内的实践准则的。这么一来，它就只能永远是意志的他律性，意志通过一个异己的动因，利用被规定的结果规律主体的本性来规定自己，而不是简单地自己规定自己。

彻头彻尾善良的意志的原则表现出来的一定是定言命令，其中包含意志的一般形式，这是其他的课题都无法进行规定的，因此它是自律的。一切善良的意志因为它才让自己的准则成为了普遍的规律，这规律就是那些理性的事物加在自己身上，唯一的不以任何动机和关切为基础的规律了。

为什么说这个实践综合命题是必然的，而且是先天的可能？这个问题放在道德形而上学的领域里是回答不了的。我并不想在这里去坚持它是个真理,同时,我也不认为自己有这个能力可以去证明它的真理性质。我们只是通过一些大家都熟知的道德概念的发展来说明,自律性和这样的概念相关联,而且有可能是它的基础。把道德当作实实在在存在着的东西的人,不会把它看作是个虚拟的概念,因为他们已经接受了道德原则。这一章和前一章的分析方法是相同的。假设定言命令和意志的自律性真实存在的话,并且还作为一种必然性质的先天原则的话,那么就可以得出这样一个有前提的结论,道德不是头脑的产物,而它的前提是纯粹实践理性的综合利用。不过综合应用是在对这种理性进行批判的时候还有用,其他时候就没有用了。在文章的最后一章,我们只会在自己需要的范畴里对这一问题提出举证。

 ## 122 自由概念是阐明意志自律性的关键

生命事物的因果性就是由意志来表达了。要是这些事物是有理性的,因此自由就必然是这种因果性固有的性质了。它可以不受任何外因的影响,完全独立起作用。而自然的必然性的互动就受到了外因的影响,而被规定了,只不过因为它们是一切缺乏理性的事物的因果关系罢了。

上述对自由的消极阐述,使得不会有人深入自由的本质去探究。但是从另外的一个层面来说,它却引申出了自由的积极概念,这是一个富有成果的概念。这其中,因果概念和规律概念同时出现。依照这一概念,这一事物,即结果,而被某种称之为原因的东西所规定。因此,自由虽说不是从自然中来的，意志的固有性质，但也不是毫无规律的，它还确实是一种恒定规律的因果性，只不过此规律非彼规律。要不然，自由意志就是很荒谬的了。自然必然性是一种作用下的他律性，在这样的因果性中，所有的结果在作用之下都是他物的规律，这样才行，否则就不是他律而是自律了，自律就表明意志所固有的性质就是它自身的规律了。关于意志是自律的这一命题，所表达的就是行动所遵循的准则一定会成为自身成为普遍规律目标的准则。显然，这是定言命令的公式，也是道德的原则。所以我们可以说，服从自由意志和服从道德规律，没什么两样。

假如设定的是意志自由，那么这一前提可以通过对概念的分析，把道德和它的原则推导出来。只不过，原则也是个综合的命题。由于在对纯粹善良意志概念的分析时，难以发现准则的固有性质，于是，这个综合命题就只能经由第三方把对两者的认识联系起来才可以，这个第三方必须和两者都有关系才行。第三方来自于自由的积极概念，它不是物理原因那样，有感性世界的本性。在感性世界的概念当中，一个作为原因，和一个作为结果的两个概念只有彼此联系才会一起出现。而我们在这里还很难指出，自由所展示给我们的是什么，是关于它先天具有的观念的第三种知识，或是是什么其他。同时，也很难让人明白自由概念又是如何从纯粹的实践理性中推演出来的，以及定言命令的可能性。显然，我们还需要做大量的工作。

123 自由是理性事物意志固有的性质

倘若我们还没有足够的理由去让所有理性的事物享受自由的话，那不管有什么依据都难以给我们的意志带来自由。单纯就我们这些理性的事物来说，道德对于我们来说既然是规律，那就必然对理性的事物行之有效。何况，道德还是从自由固有的性质中引申出来的，这就说明，自由本应该就是理性事物意志固有的性质，它不会由某种和人类本性相关的经验来证明的。这种证明不可能存在，这是可以通过先天来证明的。因此，证明它通常属于具备意志的理性事物的行动是必要的。我可以这么说，在实践方面，只要依照自由观念行动的事物就都是自由的，这和理论正学当中提到的意志是自由的是一个意思。另外我主张，我们都一定要承认具有理性意志的事物必须是自由的，而且它们的行动是依照自由观念的。照我们的想法是，这事物中包含了理性，也就通常说的实践理性，那它就具备了和它相关的对象的因果性的理性。不能说理性在判断事物时总是有意识地去接受外来的影响，如果这么说的话，主体就把自己的判断力从自己的理性那里收回，给了外在的动力了。理性首先要把自己看成是自己行为原则的创始人，脱离所有外在的影响。其次，它要把自己视为实践理性，也就是包含了理性的事物。只有在自由的观念当中，自由的意志才能在自身当中显示出来，自由才会自身所有的意志，而在实践方卖弄，则表现出自由为一切理性事物所有。

124 与道德观念相联系着的关切

我们已经把具有规定性的道德概念转变成自由观念了。只不过，无论是我们还是人类的本性，都无法证明自由是一种真实的事物。就我们而言，假设我去设想，一个有理性的事物，对自身行为因果性还有意识的事物，即具有意志，就必须设定自由为它的前提。这样的话我们就会发现，根据相同的理由，我们要一一赋予每一个具备理性和一致的事物，以其依照自由观念而去规律自身行动的固有性质。

自由观念作为前提的话，就会产生这么一条行为规律。任何时候，行为的主观原则和准则都必须是可以作为客观原则和普遍原则的，并且还可以作为立法普遍原则。作为一般的理性事物的我，为什么需要去服从这条原则，而其他的理性事物也必须这么做呢？不可否认的是，无论是什么样的关切或是兴趣都无法促使我们这么做。毕竟关切发布不了定言命令。只不过，它会引起我的关切，去关心它究竟会起什么样的作用，于是乎，就有了一种原本就有的意愿了。在这种情况下，这条原则对任何理性的事物都适用，只要它的理性在实践方面没有阻碍。其他和我们一样的人，习惯把感性作为另一种动力，还做了一些理性之外的事情，只是对于这些人来说，行动的必然是应该的，主观必然性和客观必然性必须分开。

这样说来，道德规律，和意志自律性原则，它们似乎都在自由观念作为前提而存在。我们既无法证明它的存在,而无法证明它具有客观必然性。就算什么都证明不了,我们也获得了不少结果。至少对真正原则的规定要比从前准确得多。只不过,这些原则的效用,和那些服从它的时间必然性,这两个方面我们仍然没有太大的进展。我们想知道为什么作为一种规律的准则,它所具有的普遍性会限制我们的行动?为什么我们认定的行为的价值要远远高于一切的关切?我们还想知道为什么只有相信这一切,才可以感知人的人格价值,而与之相比,个人的得失则显得无足轻重?这些问题我们现在都无法解答。

有的时候,确实有一种和实际情况毫不相干的个人品质会让我们产生关切,总是希望在理性也产生类似的倾向时,这种品质可以使我们置身于这种状况内。就比如,让人幸福的价值本身就是让人产生关切的,就算是促成幸福的根据还尚未具备。如果我们是通过自由概念去脱离和经验的一切关系的话,这实际上是从道德重要性的前提当中得到的结论。即使我们抛弃了关切,把自己看作是个行动自由的人,但是要让自己的人格有价值,我们还是必须服从某种规律,而人格的价值在某种程度上弥补了我们在实际情况中的损失。可惜的是,我们仍然不知道道德规律的约束性从何而来,并且如何实现它的可能。

这里已经很清楚地表明了,有一个逃避不了的循环是人们必须承认的。为了把自己想象成那个在目的序列中要服从道德规律的人,我们首先要认定自己在作用的序列中是自由的。反过来说,就是我们赋予了自身意志自由,才会把自己想象成服从规律的。自身和意志的自身立法都是自律的,因此两者是可以相交替的概念,其中的任何一个都说明不了另外一个,也无法成为它的依据。最多不过就是从逻辑的角度出发,把相同对象的不同表象,总结成一个单一的概念,就好比是不同的同值分数化简成一样的。

最后我们还有一条出路,那就是去研究一下,当我们认为自己是通过自由来起作用的时候,和当我们认为自己的行动是自己眼前所见的结果的时候,它们有什么不同。

125 感性世界和知性世界

普通人不需要仔细思考,也不用有很高的智慧,用他所特有的方式,就可以对他称为情感的模糊判断力有这样的见解:那些和我们的意愿无关的感觉表象,它们所能提供的关于对象的知识,就和它们给予我们的作用一样。至于对象究竟是什么样的,我们就不是很清楚了。而这些表象是什么,要是不经过仔细地审视,看到的也只是表象,我们是看不到本质的。之所以会有区别,也可能是因为我们从另一个角度看到这些让我们感觉被动的表现,和我们自身证明了的能动的表象之间是有不同的。一旦这种区别形成,就会有这样的结论,还有一些东西始终隐藏在这些现象的背后,而这些才是自在之物。我们必须相信且接受这样的结论,我们很清楚这些自在物对我们来说是永远的不可能了解的。我们了解的只是它所产生的作用,却始终无法与它们面对面,因此永远都不会知道它们到底是什么。这个区别用一种很简陋的方法对感性世界和知性世界做了划分。前者因为感觉上的不同,所以不同的人对世界的观察结果也就不同,往往是千差万别的,但是作为建立在感性世界基础上的知性世界,就显得较为统一了。所以,若是通过内部感受来获得的知识,是无法了解一个人的本质是什么样子的。毕竟他是无法来创造出自己的。他只能凭借自己的经验来获得和自己有关的概念,他了解自己是通过内在的感受,本性的现象,还有意志的作用方式等等渠道。而且这种概念是由这些现象拼凑而成的,他必须承认在这些现象的背后,应该还有一个基础性的东西,应该是有一个独立的自我存在。单纯就自身来说,那只是直觉,就感官的感受来说,人是属于感觉世界的。如果可以超越感觉直接达到意识的话,就他纯粹的能动性来说,人就属于知性世界了。而这个世界我们还不是很了解。

一个能够思考的人,就一定让他所见到的一切事物适用这个结论,就算是一个最普通理智的人,也会这么做的。众所周知,这些人都相信在感性对象的背后,会有一个永动的,恒定的事物存在。不过他们玷污了这种信念,他们反过来又把所有不可知的事物给感性化了。这种把它们变成直观对象的做法实在不够聪明。

人们发现在他们的内部就有一种事物把他们和其他事物区分开来,这种力量就是理性,它可以把他们和被对象所作用的自我区分开。作为一种纯粹的自动性,尽管知性也杀死自动的,但理性仍然是在知性之上的,它不同于感觉,仅仅包含了因事物作用而引起的被动的表象。知性活动中产生的概念,只是用于感觉表象的规则,把感性表象和意识相结合,要是离开了这种感性的运用,知性就称不上是思维了。理性则与之相反,它会在理念的名义下去表达一种纯粹的能动性,已经超越了事物所能提供的东西,还可以证明自己的职责就是去区分感性世界和知性世界。这本身就给执行世界划定了界限。

这样说来,有理性的事物就首先要把自己视为理智,而非那种从低级力量的角度把自己看成是感性世界。理性的事物要从两个不同的角度来观察自己和粉饰自己,这样才算是完整地认识自己的过程。其中第一个角度是,他首先是感性世界的成员,他必须服从自然规律,这是他律的;第二,他又是理智世界的成员,只需服从理性规律,不用受到自然和经验的影响。

存在于理智世界的任何一个有理性的人,都只能从自由的观念来思考他自身意志的因果性。自由是指理性在任何时候都不受到感性世界的原因的影响。这其中自律概念和自由概念密不可分,道德的普遍规律总是和自律概念联系在一起。在概念方面,理性的事物的行为总是伴随着道德规律的基础,就像所有的现象都是以自然规律为基础是一个道理。

上述所提到的,无论是自由还是自律,或是从自律到道德规律的推论当中,好像都有一个循环论的设想快站不住脚了。这个设想是这样的,我们给道德规律提出了一个自由观念的基础,其目的是为了接下来把道德规律从自由当中引申出来。可是这里似乎无法给出任何和道德规律有关的基础,只能是一种虚设的原则,而这样的原则尽管有人很好心地愿意相信,但我们却始终拿不出一个让人信服的命题。现在我们才知道,当我们把自己设想成自由的时候,也就是把自己置身于知性世界的时候,连同它的结论道德,作为其中的成员去认识意志自律性。当我们把自己想象成受约束的状态的时候,就是把自己置身于感性世界的,同时又是理性世界的一个成员的时候了。

126 定言命令怎么实现

　　理智的事物总是认为自己是知性世界的一员,因为理智的存在,只有当他属于这个世界的作用因的时候,他才会把这种因果性称之为意志。同时,他也会感觉到自己也属于感性世界的一个部分,他的行动似乎只是感性世界里的一种因果性的现象。可是我们并不很清楚,这些以我们不了解的原因为依据的行为是如何实现的,是不是可以把这些行为认定是由另外一些现象决定的。比如欲望和爱好就是感性世界里的事物。作为知性世界里的成员,我的行为和意志的自律原则是保持一致的。但作为感性世界的部分,我只能承认自己的行为和欲望、爱好等自然规律相符的,和自然的他律性也是相符的。在知性世界当中,行为一切以道德的最高基础为基础,而在感性世界中的依据就是幸福原则了。既然知性世界和感性世界的依据,那也就是它的规律的依据,因此,知性世界必须是对处于知性世界当中的我具有直接立法权的事物,而我则作为理智是知性世界规律的主体,或是意志自律性的主体。总的来说,我必须同时承认自己是感性世界的成员,也是理性的主体,而这理性在自由观念中是包含了知性世界规律的。知性世界的规律必须是我的命令,我必须在这种原则下行动,这是我的责任。

　　所以,定言命令要实现可能的话,主要还是在于自由观念如何让我成为意会世界中的一员。要是我只是这个世界里的一个成员的话,那么我的活动就必须永远和意志的自律性相符才行。但是我还同时是感性世界的一员,因此我跟这个规律想法应该不成问题。这一定言命令以先天命题出现,除了感性欲望作用下的一致外,还有另外一个同一意志的观念,它本身是纯粹的,实践的。而这意志它本身是属于知性世界的。而在这种叠加之下,关于自然知识的全部内容都可能成为综合命题。

一般人对理性的实践应用都可以证明这一推论的正确。在树立了坚定的,按照善良原则行动的光荣榜样之后,我们也因此有了同情之情,还具有仁爱之心。甚至在没有任何一个人的时候,不顾利益和牺牲的时候,或是最坏的人也在应用自己的理性的时候,都不想让自己拥有这些个品质。他希望自己从爱好中解放出来,脱离这些,不过出于自己的爱好和冲动,他是完不成这个任务的。这就可以说明,要是他可以从一切感性冲动中获得自由的话,那就可以在思想上把自己安排在一个合适的序列当中,走出感性领域,彻底抛弃欲望。他是不会在这样的愿望下满足的,这愿望也给不了他现实或是想象的爱好实现的条件。假如它可以提供这方面的条件的话,那么失去了欲望的观念,就会失去高尚的价值。而从中他可以得到的就是他的人格和更大的内在价值。他会在自由观念的驱动下,也就是在感性世界独立性的驱动下,自愿成为知性世界里的一员,还会把自己视为一个更为善良的人。由此,他就会承认自己就是善良意志,同时还是感性世界当中不良意志的规律。也就是当他背离这一规律的时候,他还不忘承认它的劝慰。他只有在作为感性世界的成员时,才把道德上的应该视为应该,而作为意会世界的一员时,道德上的东西都必将是他的意愿。

127 理性辩证法

　　从人们的意志的角度上来说,谁都可以把自己看成是自由的。这样的话,关于行为的全部判断似乎还没完成。不过自由本身不是也不可能是个来自经验的概念,这是由于在经验表明结论和自由前提互相矛盾的时候,这一概念仍旧没有发生变化。另外,所有事物都无一例外地被自然规律所必然地决定,自然的必然性也不是经验概念,虽然这里包含了不少经验的概念,但是其中也有不少先天的知识。只是自然概念是无法通过经验来证实,只要经验作为自然规律联系着的知识这一命题成为可能,那么就不免要以自然概念为前提。因此,自然是个理性观念,在它的客观实在性还未被证明前,自然只能是个知性的概念,它需要例证来说明自己的存在。

　　这里存在一个理性的辩证法,意志所赋予的自由是天生和自然的必然性对立的。在这个十字路口,思辨为目标的理性认为,自然必然性的道路要比自由的道路更实用。不过换个角度看看,从实践目标的角度看,或许我们唯一可行的小路就是自由的理性。不管是缜密的哲学,还是连推理都用不上的论证都会把自由给否定掉。哲学认为人类的同一活动中,自然的必然性和自由是没有矛盾的,自由概念和自然概念一样都是不能摈弃的。

　　因此,就算是我们永远都无法知道自由是怎么成为可能的,但至少我们必须给出一个让人信服的理由去消除这些矛盾。比如,自由和自然之间的矛盾就必须在与自然必然性的竞争中被打败。

　　要是一个人自认为自由的主体在设想自己自由的时候,它的意义和关系就像是同以行动认为自己必须去服从自然规律那样的话,那它就解决不了这方面的矛盾。因此,思辨哲学有一个不容推卸的责任。一个人之所以会有矛盾的幻想,只不过是因为我们还没从不同的意义层面来思考人,只是在称之为自由的时候,把人视为自然的一部分,或是看作是服从自然规律的一部分罢了。但是我们必须不单单指出自然和自由是可以并存的,还要把它们两个统一起来,放在同一主体的身上去。否则,我们就没有理由去增加理性观念的负担,即使这个观念还不能很好地和其他设定的观念融合在一起,但已经让我们感到无所适从了,我们不能把理性的思辨很好地应用在它身上。责任只是思辨哲学必须去承担的,它要给实践哲学扫清道路。哲学无权选择,是去清除表面的矛盾,还是让它保持在原地不动。总之,要是保持不动的话,那这理论就没有什么抵抗力了,索命论会因此乘虚而入将其占有。道德就会被驱逐出去,这就是一种不合法的占有了。

　　说到这,还算不上是实践哲学的发端。毕竟实践哲学的任务不在于解决矛盾,主要还是在于用思辨的理性来解决人们在理性问题上的纠纷,以确保实践性的安全和稳定,以免它在建造它的地基方面引起不必要的争论,或受到外界的攻击。

128 意志自由是独立于感性之外的

就普通理性而言,意志自由就是强调意志是不为主观原因或是感觉所决定的,它是独立于感性之外的。用这种方式来把自己视为一个理智的人,当他一想到自己有理智,有意志,因此具有因果性的时候,他就把自己放在另一个序列当中去,完全把自己放在和另一种决定关系当中去。只不过他所感知到的感觉世界不过是一种现象,当然的确那也是种现象,这个时候,他就会根据自己的因果性,遵照外部的规定,服从自然规律。而现在他明白了,二者之所以能共存是因为二者必须共存。作为现象的事物去服从它作为自在之物时并不服从的规律,二者并不矛盾。人们就是在这种双重的思考下,来思考自己,根据第一重的方式,他必须意识到自己是感觉被作用的对象,而第二重则是要求他们是理智,要不受感觉的影响,必须是知性世界的。

这就是为何人们总是要求有一种意志,可以让他们不但去重视欲望和爱好,同时还可以在行动的时候不受欲望和爱好的影响,这不但是可能的,而且是必须的。这些行动的原因是包含在他们的理智之内的,必须根据意会世界的原则来行动,而在意会世界当中只有理性,是独立于感性之外的立法者。再进一步说,他们自己只有作为理智的时候才是真正的自己,而作为人,只是自己的一个现象,只要知道做这些规律对他们来说的作用是直接的,无条件的,因此就算是欲望和爱好如何煽动他们,都损害不了他们作为理智的意志规律。当然,有的时候,他们也会放纵自己的意志,允许一部分的欲望和爱好对他们的意志造成影响,损害他们的理性规律,甚至还会认为自己不负责任等等,但这不是真正的自己,不是意志的作用。

129　实践理性的界限

当实践理性思想进驻我们的知性世界时,它绝不会逾越自己的界限。要是它企图直观地介入知性世界的话,那么它就超越了自己的界限了。知性世界对于不向理性提供意志规律的感性世界来说是个否定思想。只有在一点上它表现出了肯定,即自由作为一个否定的规定和一个肯定的能力相联系,还和理性的因果性相联系。我们姑且将它称为意志,这种情形下的活动原则和理性固有的性质相符,也就是准则和普遍规律相符。一旦它想向知性世界索取一个意志的对象或是动机的时候,那就越过了自己的界限,还以为自己认识了自己从前认识的事物。因此,知性世界的概念只不过是一种立场(Stand punkt),是理性在为了把自己想成实践不得不采用的立场。倘若感性也会起到对人的决定性作用的话,那么理性就和实践毫无关联了。这种看法是有必要的,除了否认人作为理智的意识以外,另外一个理性的原因就是,理性地活动的意识会否认人对自己有作为自由活动的原因的意识。这其中包含了一些不同于感性世界自然机械学序列和立法的观念,它会让意会世界将所有理性事物的自在观念看作必要的。只不过在这里,我们只能依照形式的条件去思考它,还要依照作为规律的意志准则的普遍性,以及唯一能构成自由的意志自律性去思考它,不要给我其他思考它的理由。另一方面,所有直接作用于对象规律的他律性都是自然规律的,只对感性世界有效。

假设理性可以解释纯粹理性是如何成为可能的,那它就越界了,这和自由是一样的。

把某物总结成某个规律就是解释,其对象可能由经验给出,除此以外似乎就超出我们可解释的范围了。自由仅仅是个观念,它不需要根据自然规律来证明自己的客观必然性,而这必然性也不存在于任何经验之中。它是永远都不被想象或是了解把握的,任何例证可依据类比法来证明它的存在。之所以把它也视为必要的前提,在于理性的事物相信自己已经意识到意志的存在,以及那种和欲望能力有很大差异的能力,这种能力就是能决定自己和理智一样活动的能力,它是不以自然本能为转移,只依据理性规律活动。此外,在那些自然规律起不了作用的地方,一切解释也就终止了,剩下的不过是反驳反对的意见。有些人大声宣布不可能有自由,自以为自己已经看到了事物的本质,可是我们要告诉他们的是,他们只看到了矛盾,不过是一些自然规律应用到人身上,看到的现象而已。于是,我们要求他们把拥有理智的人看成是自在之物,但他们仍然坚持自己的现象。显然,在同一主体里,分离它的意志和感性世界的自然规律,本身就是个矛盾。但是如果这个矛盾不存在了,那么他们就只能重新考虑,而且必须承认现象背后确实存在一些自在的东西,而且是一个很重要的潜在基础,也是个合理的基础。与此同时,我们不应当期望它们的活动规律和现象所服从的规律必须是一致的。

主观上,解释意志自由的不可能,和发现解释道德规律而感受到的关切的不可能相似。不过他们对道德观念所感到的关切的内在基础被我们称作道德感。这种道德感不能被错误地当作道德判断的标准，而是必须将其视为规律对意志所产生的主观效果，理性才是为它提供客观依据的事物。

　　理性的事物在感觉的作用下通过理性来获得它们所需要的东西，这里提到的理性必须是有一种能力的，可以在责任当中，让人感受到快乐和满足的感觉。因此，理性必然是有一种因果性的，这样才能让感性和它自己的原则两相符合。可是，那种完全无法辨别，且不包含任何一个感性事物的思想，要怎么产生快乐和不快乐的感受呢？这一特殊的因果性和其他的因果性无异，都是先天无法给出任何规定，只能依靠经验。但是经验只有在因果和结果存在于两个对象的时候，才能被列举出来，在这里，理性只把观念用来作为不存在于经验对象的结果的原因，并且观念是不给经验提供任何对象的。那么对我们来说，我们为什么总会对道德感到关切，这是完全不可解释的。只有一点，或许它们对我们确实行之有效，这和我们对它表示的关切没多大关系，因为关切是他律的，是实践理性对感性或是某一种情感的依赖。我们是人，所以才感到对它的关切。我们的意志来源于理智，所以才是来自于我们固有的自我。而那些和现象有关的东西，理性自然是要让它去服从自在之物的本性了。

130 定言命令如何实现

于是，又一个问题产生了——定言命令要如何成为可能。可以这么回答，我们所提供的唯一前提就是自由的理念，而之所以我们会必然地提出这么个前提，给理性的实践应用提供充分理由呢，就因为我们对这种命令有强烈的信念，可以为道德的有效性信念提供依据。本身这个前提要如何实现，这不是现在的人类可以作出回答的。不过，从理智意志自由的前提，我们可以得出一个必然的结论——自律性是规定意志的形式条件。我们用意志自由的前提，是为了让思辨哲学更好地去证明，只有它才不会和自然性原则的矛盾扯上关系，自然的必然性只出现在感性世界各种现象的交互关系中。另外，这个条件显然是无条件必要的，要是实践中缺乏这个前提，理性的事物无法因此感受到自身的因果性，就无法意识到和欲望有差异的意志。所以说，理性事物的自愿活动，都要建立在这么个前提的基础上。为什么纯粹的理性自己就是实践的，行动是无法从其他地方取得动力呢？为什么作为规律的准则的普适性，可以脱离我们关切的一切意志质料和对象，自己产生动力，从而产生一种称之为纯道德的关切呢？简单问一句，为什么纯粹理性都是实践的呢？这类问题人类的理性都是回答不了的，对这类问题的探讨也是徒劳。

假设我想知道的是，自由本身作为意志的因果性该如何实现，那么它的情况应该跟上面说的没什么不同。这么做的时候，我已经把所谓的哲学基础抛弃了，因为除了这个以外，我不会再有其他的基础。当然，我也可以在我所保留的意会世界或是知性世界里陶醉，但是我对这个世界只有一个理由充足的概念，却没有一丝一毫的知识存在。不管我花费多少自己的理性能力，也获取不了这方面的知识。对我来说，这世界不过就是为我消除来自感性世界的动力，从我的意志决定因素中清除掉所有属于感性世界的东西。之所以这么做就为了限制我的感性动机，指出它不过是一部分，在它之外还有更多的东西，而这些是什么，我就不会告诉你了。就当我抛弃一切感性，一切对象的知识的时候，纯粹理性就会向我阐述它的理想，而我剩下的就只有形式了，只有准则普适的一些实践规律，也就是说，我只剩下了和理性世界相关联的理性，规定着我的意志。除非意会世界里，这个观念本身是动因，或是说理性仍然保持对这个世界先于其他事物的关切，否则我将没有任何的动因。但我们始终说不清楚这个问题。

131　哲学的最后界限

　　这里是道德探索的最后界限。有必要去划定这么个界限的，一方面我们可以避免理性用一种伤害道德的方式在感性世界里，胡乱摸索最高动机，和那些可理解的但属于经验上的关切；另一方面，还可以避免理性在意会世界里那空无一物的超验空间里无力地拍打着自己的翅膀，沉浸在自己的幻想世界中。纯粹的知性世界,应该是一个由理智构成的整体。它对于合理的信仰来说,永远都是有效的观念。毕竟理性的事物既是感性世界的成员,也是理性世界的一员。因此即便在这界限上,知识都止步,但理性事物的自在目的在普遍王国里的光辉,依旧会唤醒我们对道德的关切。只有小心谨慎地依照自由准则行事,才可以真正成为这个王国里的一员。

第 八 章

叔本华

——幸福的两大敌人是痛苦和无聊

132 死亡的概念

死亡通常是哲学灵感来源的守护神。苏格拉底说哲学的定义就是"死亡的准备",说的就是这个意思。诚然,失去了死亡的问题,哲学也就不能称之为哲学了。

动物是不知道有死亡的,它们总是认为自己是无限的,可以永远享受种族的不灭。不同的是,人类是有理性的,那么他必然会对死亡存在恐惧。通常情况下,自然界中的一切灾祸都有治理的方法,至少也存在补偿。因为死亡的认识,人们常常反省自己,于是获得了形而上学的见解,人们从中获得了一种安慰。再想想动物既没这个必要,同时也缺少这方面的能力。一切的宗教和哲学学派都是从死亡的角度出发,来帮助人们进行反省,这些都是作为死亡的治疗而存在的。总是不同的宗教和哲学所达到的目的不尽相同,但比其他方面在面对死亡方面总能给出更多的让人平静的力量。婆罗门教和佛教就认为,万物的自生自灭和认识的本体无关,这就是所谓的"梵"。他们教导人们用"梵"来反观自己。就这点来说,这种解释的实质应该是"人生于无","出生后始作为",这要比西方的很多思想高明不少。在印度经常发现安乐死和蔑视死亡的人,这在欧洲人看来是很不可思议的。欧洲人很早就把一些基础薄弱的观念灌输给人们,使得人们的大脑中无法再有其他的更正确的观念存在。这其实是很危险的,结果就是像现在英国的某些堕落者和德意志新黑格尔派的学生看见什么都否定,绝对先进了形而下的境地,居然还高呼:"吃吧,喝吧,因为死后什么都没有了!"就因为这个他们才被叫做兽欲主义吧!

133 死亡的恐惧

不过,针对死亡的种种教训,一般人,至少是欧洲人,对于死亡的认识是介于"绝对性的破灭"和"完全不灭"的两个对立的见解之间的。两者都不对,但是介于二者之间的观点又很难找到。既然如此,不如就抛弃它们,再去寻找更高明的见解吧!

先来看看实际的经验。首先,我们要承认以下事实。由于自然意识的存在,人们对死亡会产生莫大的恐惧,不仅如此,就算是家族中的人去世了也会引起我们的哀痛。显然后者和自身的损失没太大关系,主要还是出于同情心,为死者的遭遇感到悲哀。这种场合当中,要是没有眼泪,或是不去悲叹一下,都会被指责是铁石心肠。假设复仇的想法已经冲到了顶点,那么能给敌人最大报复的灾难就是置敌人于死地。虽然随着时间的推移,人们的见解也会跟着发生不同,但是只有"自然的声音"无论何时何地,始终存在。就上述的这些来看,"自然的声音"的存在就表示了"死亡是最大的灾祸"的存在,死亡是毁灭的意思,也就意味着生命价值的消亡。关于死亡的恐惧其实是超越了一切认识,尽管动物不了解死亡是什么,但是它仍然存在本能得恐惧。一切生物在死亡的时候都是带着恐惧的,这是天性,就像它们总是希望来保护自己一样,它们对本身的消亡恐惧是很正常的。因此,当动物遭遇危险时,不但是它自己,身边的子女也会小心翼翼地守护着它,为它规避风险和痛苦,这一切都源于对死亡的恐惧,否则动物为何要逃窜、隐匿呢?

动物的动作无非就是为了来延缓自己死亡的出现罢了。人类也是如此,死亡无疑是威胁人类存在的最大灾难。我们最大的恐惧就是对死亡来临的担忧,我们最关心的也是他人生命的危险,对我们来说,最害怕看到的也就是某人生命被结束了。但是在这里我还要强调一点,人类对生命的无限执著,并不是认知力和理智所产生的。这两者把对生命的留恋看成是最愚蠢的事情,毕竟生命的价值是无法确定的,但人们都认为存在总是比不存在来得好。经验和理智会告诉我们,后者远远胜过前者。如果打开坟墓去问一下那些死者,问问他们是否愿意重返人间,我想他们一定都会拒绝。从柏拉图对话体的《自辩》一篇中,就可以发现苏格拉底就有类似的见解。连笑口常开的伏尔泰都会说道:"生固可喜,但死亦无忧。"还说道:"我不知道永恒的生命在何处,但是我知道现在的生命就是一个很恶劣的玩笑。"人生在世,不过短短几十年,和无限的时间相比,几乎可以等于零。所以,好好地反省一下,就会觉得因为如此短暂的生命而忧愁,或是为了自己和他人的死亡而恐惧,或是总是创作一些和死亡有关的悲剧,实在是大愚蠢啊。

134　人类对生命的执著

　　人类对生命的执著其实是盲目且不合理的。这种强烈的执著只能说明求生是我们全部的本质。所以,对意志来说,不论生命是否痛苦、是否短暂、是否不确定,都被看作是至高无上的瑰宝。另外,这也说明意志是薄弱了,盲目的且没有认知力的。相反地,认识力也暴露出了生命价值的缺失,反抗对生命的执著才能克服对死亡的恐惧。因此,通常当认识力占上风,淡然地面对死亡的人,我们就推崇他为伟大且高尚的人。相反地,只是一心一意眷恋生命,在认识力和盲目的求生意识的斗争中败下阵来的人,最终只能在绝望中迎接死亡的人,是我们所轻蔑的那类人(后者只不过也是在表现自我和自然根源中的本质罢了)。我们不仅要提问:为什么无限执著于生命,想尽一切办法要去延长生命的人,反倒是被人轻视呢?如果生命确实是诸神赐予人类的礼物,那我们就应该表示衷心的感谢才对,为何所有的宗教都认定眷恋生命和宗教之间有抵触呢?为什么轻视生命的人反倒是高尚的呢?

　　概括地说,经过上面的考察,我们可以得出以下四点结论:1.求生意识是人类内在的本质;2.意志本身不具备认识力,是盲目的;3.认识是和意识无关的附带原理;4.在认识力和意识的斗争中,我们一般都倾向前者,对前者的胜利表示赞扬。

　　既然人们那么恐惧"死亡"或是"非存在",那照理说,对"尚未存在"的事,人们应该也会有很强的恐惧感吧。死后的"非存在"和死前的"尚未存在",二者本质上是没有区别的。我们在出生前,不知道经历了多少世世代代,但是我们却不曾对它们表示悲伤,那么我们为什么会对死后的不存在如何悲哀呢?我们的生,不过是在漫漫时间长河中的一个瞬间,死后和生前都大致相同,所以大可不必为了不存在而感到无限的痛苦。要说对生的渴望,是因为生存给了我们愉悦的感受而带来的,那么上面所说的那些就可以证明事实并非如此。一般来说,经验越丰富,对不存在的失乐园就越有憧憬。在所谓灵魂不灭的希望当中,我们不是常常都在期望还有更好的世界吗?——这么说的话,其实现实都不是那么的完美。——就算是这么说,人们还是很热衷去思考和谈论死后的状态。一般的书都是借由家长里短的事儿来说这个问题的,说它的篇幅可要比说生前状态的篇幅大得多得多。虽说我们的生活是脱不开这两个事情的,谈论也没什么不对,但是总过分地偏向一头,就不免有些钻牛角尖的嫌疑了。只可惜,世上的人都有这个毛病。事实上,这两个问题是可以互相推证的,解释了一面另一面自然也就迎刃而解了。现在,我们姑且站在一个纯粹经验的立场上,权当自己的过去不存在,这样我们才能进一步推论,在那些不存在的漫长时间里,自己也可能处于非常愉快的一个状态当中,这样一说就会对我们死后不存在的时间感到安慰不少。死后的无限时间和死前的无限时间,确实没有两样,不必觉得恐惧。还有,证明死后仍然能够继续存在的理论用来证明生前依旧存在也是可行的。印度人和佛教徒,在这一点上都有一脉相承的解释。就如上面所说的那样,人都不存在了,一切和我们生存无关的时间,不管是过去还是未来,对我们来说都已经变得不重要了,那还有必要为它而感到伤感吗?

反之,要是抛开对这些时间的观察,就是一味地认为非存在是灾祸,那本身就是不合理的。所有的善和恶,都是对生存的预想,就算是意识也是如此。在生命终止的那一刻，意识也会宣告停止，其实我们的意识在睡眠和晕倒的状态下也会停止的。我们知道，失去了意识，就不会有灾祸了。其实，灾祸就是发生在一瞬间的事情。伊壁鸠鲁从这个角度得出了他关于死亡问题的结论，他说："死和我们无关。"还紧接着注释说："我们存在的时候，死亡不会降临，当死神降临的时候，我们也就不存在了。这个时候要是丧失了什么，也不是灾难。所以不存在和业已不存在其实都是一样的，不用太过挂牵。"因此站在认识的立场上看，就不会产生一切恐惧死亡的理由。再来意识中也有认识的作用，所以站在意识的立场看，死亡也不是个灾祸。实际上，所有生物对死亡的恐惧，都是从盲目的意识中产生的，它原本是源于生物的求生意识，这种意识本质上就是一种对生命和生存的需求的冲动。此时的意识受到了"时间"形式的限制，把本质和现象视为一体，误以为死亡就是生命的终结，因此才会尽自己的全力去反抗。至于意识是不是必然存在恐惧死亡的理由，下文我还会详细分析。

135 生命并非如此珍贵

生命对于任何人来说都没什么特别值得珍惜的地方。之所以我们会如此畏惧死亡，不是因为害怕生命的终结，而是害怕有机体的破坏。实际上有机体是身体作为意识的一种体现。当我们在病痛和衰老的时候就会感觉到这种破坏的力量。相反的是，死亡对于主观来说只不过是脑髓停止活动，意识消失的一瞬间罢了,紧接着就是有机体的所有器官停止活动,这不过是死亡的附带现象而已。因此,从主观来看,死亡是和意识关联的。那么意识的消失究竟又是怎么回事呢?或许我们可以从沉睡状态来做一个判断。晕倒过的人也许会有更深的理解。大体来说,晕倒也是一步一步来的,不是通过梦来作为媒介的。意识还能保持清醒的时候,视力最先消失,然后是慢慢陷入无意识状态,这感觉不会太舒服。确实,如果把睡眠看作是死亡的兄弟的话,那么晕倒就是死亡的孪生兄弟了。想想突然死亡应该不会有太多的痛苦,就像是受了重伤,一开始往往感觉不到疼痛,慢慢地在发现伤口以后就会有疼痛的感觉了,由此可推断,受了致命伤的人,已经会在疼痛感出现之前就已经一命呜呼了。当然,要是受伤很久以后才死的话,那就和受了重伤没什么区别了。其他的还有溺水、瓦斯中毒和自缢等等方式,只要是可以瞬间让意识消失的,就一般不会有什么太大的痛苦。

再来说说死亡。老死的情形就是在不知不觉中生命徐徐消失。人到老年,对于一切的欲望就会慢慢减退,以致最终消失。可以说已经不存在可以刺激自己情感的事物了。还有,想象力也会渐渐消退,心仿佛是模模糊糊的,事情都丧失了原本的意义,总之就是觉得一切都褪去了从前的颜色,只是觉得岁月匆匆流逝。老人那蹒跚的脚步和佝偻的身影,不过只是他昔日的影子,在他的内部还有什么可以值得死亡去一再破坏的呢?随着时间的流逝,有一天他终于长睡不醒,像梦幻一样,这里说的梦就好似哈姆雷特在他的独白里寻找的那个梦。想想,原来我们现在在做的就是那个梦啊!

另外还要附带说明的一点是,尽管有某个形而上的依据来维持生活机能,但不是不需要努力就可以达到的。每晚有机体都会对它屈服,意识运动也会因此停止,人体内的各种,诸如分泌、呼吸、脉搏等机能都会因此而降低。就这么说的话,要是生活机能可以完全停止的话,那么推动它的那股力量,大概就会感到异常的安心。想想,一般自然死亡的人面部的表情都比较安详,也许原因就在于此。总之,在面临死亡的那一刻,或许和噩梦初醒的那一瞬间极为相似吧。

　　总结上述的结论,就可以知道,不论死亡多令人恐惧,但它本身不是灾难。其实,在死亡身上,我们还可以找到很多自己所渴望的事物。其实在活着的时候,我们总是会遭遇很多难以克服的障碍,诸如不治之症或是难以消除的烦恼,但是我们都忘了大自然是最好的避难所,它时时为我们敞开着大门,让我们回归它的怀抱。生存就好比是大自然给我们颁布的"财产委任状"(在适当的时候,造化会引诱我们从自然的怀抱转投到生存的状态中去,但随时都会欢迎我们回去。当然所谓的回去也是要经过一番肉体或是道德层面的斗争之后才会有的结果。)但凡人都是如此轻率地快快乐乐地来到这个世界的,尽管这里快乐少,烦恼多,然后,又拼了命挣扎要回到原来的场所。印度人在塑他们的死神雅玛的时候,塑了两张面孔,一张是令人毛骨悚然的狰狞面目,另一张则是神情愉快的面孔。为什么要这么做?我上面所做的观察就可以说明这个问题。

136 意志与死亡

　　我们再用观察尸体的办法站在经验的立场上来说明吧。众所周知,尸体是已经停止了直觉、感受、血液循环等等了。虽说我是无法解释这些是如何停止的,但是我可以推断,从前推动人体活动的力量在这一刻已经消失了。

那么这股力量究竟是什么？如果说它是意识，也就是一般灵魂中的"灵魂"的话，显然不够正确。依我看，意识还不是有机体生命的决定因素，宁可说是生命的产物，是其结果的表现物还更合适一些。总之，意识会随着年龄的变化而变化，它会根据健康、睡眠、觉醒等等状态来呈现出或强或弱的状态。

之所以说尸体不是有机体的原因在于它自身结果的表现。一般情况下，只限于有机体的存在才会发生作用，一旦死亡，作用也就跟着停止了。另外我还发现，意识错乱的情形下（疯子），虽说各种活动力都会相应地减弱，这也使得他们的生命常常会处于一个极为危险的境地。但是这样的人竟然在感受力和肌肉力量上有很大的增强。只要没有什么意外的外力因素的存在的话，他的寿命反倒会增长。还有，我还发现个体是一切有机体的特性，也是意识的特性。尽管我不是太了解这种个体性，但是我知道自然界中出现的所有个体现象的出现，都和一股普遍性的力量在相同的现象中推动的作用有关。一般来说，我们不能因为有机体的停止就否定这种推动力的作用也就消失了。比如说纺车停止不动不代表纺织女郎就已经死亡了。它还会像钟摆一样重新摆回重心，然后像静止一般。乍一看仿佛是停止了，但是不能因此否认重力的存在，重力其实还在好多场合好多现象身上起作用呢。

肯定会有很多人不同意我的这种比喻，他们认为在这种场合下，重力是没有力量去终止这个钟摆的活动的，不过是我们的肉眼看不见罢了（其实，钟摆是一直在运动着的）。主张如此的人，不妨看看电气。放电之后，电气实际上已经停止了自己的活动。我之所以还要用这个例子，就是想说明即便是最下等的自然力，也存在普遍性。千万别在众多的现象中迷失了自己的判断，便认为生命已经停止了，生命的原理也已经渐渐远去，从而断言死亡就是人类的彻底消亡。尽管三千年前的，奥迪赛的弓仍旧无人能拔，但有正确理解力的人总不认为再也没有这样的人出现了吧。因此我们必须知道，那些看起来已经消失了的生命的动力，和现在还在欣欣向荣的生命动力，其实是相同的，只有这么想才是最接近真理的。不错，我们确实明白，在因果束缚之下的事物是会破灭，但破灭的只是他们的状态和形式而已，还有另外两种事物和这种因果变化是没有关系的，一个是物质，另一个是自然力。这两者都是变化的前提。我们还必须进一步地推进我们的研究，去认识一下哪些才是赋予我们生命的基本因素，这些因素首先必须是可以假设为自然力的，然后还要是假设可以和形式、状态的变化毫无关系的那些。这些形式和状态在因果关系的作用下，常常有变化，这只能说明它们确实受到了存在和消亡因素的支配。这一点也说明真正的本质是不受到这些因素的影响的。仅仅凭这些，似乎还不能够说明在我们死后，我们的生命能否得到延续，生命是否能够得到上述所说的那些因素的慰藉等等。尽管这样，但这点已经很重要了，那些认为死亡是绝对的幻灭的人是不会轻视死亡的。可是，生命真正深刻的因素是不受死亡的束缚的。

物质和自然力一样，也不曾参与过因果关系中的连续变化，它也用一种绝对的固执来保证人类的不灭。一般人脑海中其实也存在一些不灭的信念。有人难免要问："什么是不灭的，物质如尘土，怎么可能固守住不灭呢？难道这就可以作为人类不灭的依据吗？"这么说就不对了，要知道什么是尘土，知不知道它们是什么构成的？请在轻视它之前，弄清楚这些问题的答案。就是现在，这些被视为是尘土的东西一融进水里就成了发挥金属光辉的结晶体，只要施加电气的压力就会发出电光。不仅如此，物质还可以变成植物或是动物，从神秘的怀抱中取得生命。人们总是太过肤浅地认为生命总是会消失，但是用这样的物质作为永恒是不是太过大胆了呢？我敢说不回到的，说到这种物质的固执性，我不过是打了个比方，只是用来证明我们真正本质的不灭。那些纯粹无形的物质，是知觉所感知不到的，只有它们才是思考事物永恒的经验基础呢。因为只有它们才是物自体(即意识)的直接反应,它们才有可能以一种在时间里不灭的姿态来体现整整的永恒。

前面我们已经提到了,自然之声是没有虚伪的。不过,千万不能把这个概念和"物质不灭"混为一谈。一般从逻辑出发的论点是不会有错误的,但都会出现片面的情形。就比如伊壁鸠鲁的彻底唯物论和与之对立的英国哲学家伯格莱的绝对观念论,它们都有片面的成分存在。这些理论都有"真"的一面,但是它的"真"是有一定的附属条件的,在这样的前提下才会有真理出现。要是站在更高的一个层次去看的话,就会发现它是漏洞百出,不过是个相对真理。所以,只有站在一定的高度,才会获得绝对真理。我上面所说的这些都是很不成熟的观点,但就古老的唯物论中提到的物质不灭观点来看,已经说明了人类本质的不灭了。再往高一层的绝对物理学上看的话,生命是一种自然力,它会显示出自然的普遍性和永恒性。所以上述我这些不成熟的看法,事实上已经包含了生物不会因为死亡而绝对幻灭的主张,我认为生物是在全自然中不断延续的。

137 死亡和全体自然的关系

再换个角度来看看死亡和全体自然之间的关系怎样,下面我们就依据经验来讨论一下这个问题好了。

生死的决定仿佛一场最让人紧张和恐惧的一场豪赌,这点我们必须承认。在我们严重它关乎一切的一切。可是,永远正直和坦率的自然以及圣婆伽梵歌中的昆瑟孥却一再跟我们表示:不论是人类还是动物,个体的生死都不足挂齿。他们的生命不过是极其偶然的一种琐碎事物,完全可以不用挂牵。我们的脚步只要稍不留意,就可能决定一只昆虫的生死;不管蜗牛如何躲闪、防御都躲不开人们轻易就将它们捕获;还有已经被网住的鱼,即便它们还可以在网里自由游行,但它们已经逃不出去了;还有在鹰头顶上飞翔的鸟儿,在草丛中已经被饿狼盯上的羊羔,等等,尽管它们还在很悠闲地漫步,却不知道危险已经降临。就这样,自然所营造的这些相当巧妙的强烈愿望和即将把一些事物毁于一旦的偶然,其实都可能出现在愚者的反复无常当中,或是小孩的恶作剧之中。自然用一种神论的口吻说出,并未多做解释,它已经很明确地表示,这些个体的幻灭与它没有太多的关系,而且因为毫无意义也不值得联系,何况这种场合里的因果都不是太重要的问题。既然万物之母丝毫不考虑去保护那些已经陷入危难之中的子民,显然是它已经知道它们即便毁灭了,也可以重新回到自己的怀抱当中来,死亡不过是一场逗它们玩的游戏罢了。动物是如此,人类也不例外,自然的做法也同样适用于人类,个人的生死在自然看来实在无足轻重,因为我们本身就等于自然。再好好想想,我们真的要同意自然的做法,别总是太看重生死。这里再附带说一句,自然之所以不关心个体的生死,就是因为现象的破灭根本不会影响真正的本质。

再进一步,就和现在看到的那个一样了,生死就不仅是被细微的偶然所左右,而是以一般有机体的存在,瞬息无常,动物和人类都在每时每刻地发生着生死的更迭。可是那些很低级的无机物却在经历相当漫长的生命过程,特别是那种绝对缺乏形式的物质,就算是超越我们的先天也看出了它们存在的延续性。为何不同的事物之间,造物者如此厚此薄彼?我认为,他原本的意图应该是这样的，所谓我们现在看到的秩序不过是现象，那种不断的生死更迭只是相对的，它们是动摇不了本质的不灭性的。不但是这样，事物本身的真实本性，也就是为那些我们肉体看不到的，潜在的基础，它们的本质造物者也向我们保证绝不会消亡消灭。至于它们是怎么发生的，那就不是我们可以理解的，也不是我们可以看到的了，就权当是一个戏法好了。那些低级的无机物可以不受任何外界的影响而具有存在的持续性，而那些已经进化到高级的，构造复杂的生物，却常常处在新旧交替当中，短时间内就会经历生死的更迭，把自己所在的场合让给新来的成员。这难道是个很不合理的现象吗？实际上，这并不是事物的真实秩序，真正的秩序是有很多很多秘而不宣的东西的。说得准确一点，就是我们的智慧受到了限制无法理解这些。

我们必须了解，生与死，个人的存在与非存在，尽管都是对立的概念，但这对立都是相对的，而不是自然之声。我们之所以会对它们产生一定的错觉，不过是因为自然没有把真正的本质和世界的真正秩序表现出来。说了这么多，相信大家都会想起我前面提到过的那个直接且直观的概念了吧。假设一个平庸至极的人，他的精神力几乎只相当于动物了，那么他要是能认识某个个体的话，那已经是例外了。相反，一个精神力高的人，就很容易在众多的个体中分辨出共性来，看出其中的理性，这种人应该是具有某种程度的信心才行。这种信心必须是直接的，而且不能出一点差错。事实上，那些对死亡恐惧到死的人，一般都是被一些狭隘观念所束缚住的人。相反，那些很优秀的人自己都会主动消除这种恐惧。柏拉图的哲学是建立在观念论的认识基础上的（简单说就是在个体中发现普遍的东西），这么做显然是对的。不过，我刚才阐述的那种直接从自然中理解的概念，在"吠陀经"奥义书中，作者的想法则显得很是保守，出于大多人的想象。在他们反复的言辞中,我会感觉到有种强烈的信念向我们压来,让人一瞬间有种不得不认同他们的精神可以启发自己的感觉,也可能是因为这些哲人相对我们更接近人类的根源,或许能够更深刻地了解事物的本质。在印度那种阴郁的背景下,或许更有利于理解他们。不过,我们在康德的伟大精神影响下的彻底反省中,似乎也得出了和他们相似的结果。反省告诉我们,那些我们看到的转瞬即逝的现象,并不是事物的真相,也不是事物的真实本质,仅仅是现象。要说得更清楚的话,那不过是因为智慧原本应该由意志赋予动机,但当意志去追寻一些琐碎的目的时,智慧就被指定必须为它们服务了。

再客观一点去观察自然现象吧。倘若我想杀死一只动物,什么动物不重要,我想这个时候它们一定想不到,它们的生命在短时间内会被我的恶作剧所结束。其实,在无数个瞬间里,很多以不同姿态生活在这个世界上的,充满生命力的动物,都不会想到在自己的生殖行为之前,有生命会从无到有地被创造出来。再说,一个动物从我眼前消失了,那它去往何方了呢?我不知道。一个新的动物又出现了,那它又是从哪里来的呢?也不知道。这两个同属类的动物之间存在的不同仅仅是物质,旧的物质被抛弃,产生出新的生命,使得这个属类的生物的生命在不断延续。这么说的话,消失了的事物和取而代之的事物,本质上应该没有什么不同,只是在现象上稍稍有了改变,生存的形式有了一点变化而已。所以,既然说到这,不妨来说说死亡的种族,我们可以假设它就像是个沉睡的人,这种假设是合理的。

不管哪里都毫不例外,自然最纯粹的象征是圆形,圆形体现的是循环的图式。这是自然界中最常见的形式了,上到天体,下到万物的生死更迭,万物的各种行为,都以这种图式进行运转。我们眼前的现实正是如此产生的。

不妨先来观察一下秋季时昆虫的小宇宙好了。有些昆虫为了漫长的冬眠,会事先准备好自己的床;而有的则干脆变成蛹来躲过漫长的冬天,直到春天到了,才发觉自己已经返老还童了,于是做起茧来;更多的昆虫像是被死神扼住了手腕一般,没日没夜地哺育它的种子,一心一意地为适合排卵的场所做准备。这些所有的一切都是自然不朽的法则,它会告诉我们,睡眠和死亡没有本质上的区别,它们对生命都没有太多的伤害。昆虫在准备自己的巢穴,并决定在那产卵,等到下一年的春天来临的时候,再为自己出世的幼虫准备好食物,最后静静地等待死亡的来临。人们似乎也是如此,前一天晚上就会为第二天要用到的事物做好准备,直到安心地上床睡觉。要是这种从秋到春的变化,和昆虫的自体或是真正的本质有所不同的话,那就根本不会发生了。

138 死亡战胜不了的种族

做了这样的观察以后,再回到关于我们本身和种族的讨论上来,好好去展望一下未来,人们不免就会有这样的问题提出:此后要出现的那数以万计的不同风俗习惯的人,他们又从何而来?而现在的他们又在什么地方?难道他们都藏在一个巨大的"虚无"当中吗?要是无视本质的话,那么这些问题是要出现的,这应该是回答这些问题的唯一答案。那么人们恐惧的无底深渊在哪里?其实说到这里,大家必须领悟万物都有它的本质。就以树木为例,它的内部就很强大,很神秘的发芽的动力,通过胚芽,尽管它的树叶总是生生灭灭,但是这树木仍旧存在。所以说:"人间世代变换,就如同树木的交替。"现在在我身边嗡嗡作响的苍蝇,晚上睡眠,明早依旧嗡嗡作响,或者到了晚上它已经死去,但是到了下一个春天,它的另一枚卵还会产出另一只苍蝇。春天会再现,苍蝇就生生不息,那么冬天和夜晚对苍蝇来说有什么不同吗?布达哈在他自己的生物学著作里提到:"尼基曾连续六天观察在浸剂中的昆虫类,上午十点之前还看不到,十二点的时候它们已经在水里乱动了。到了夜晚它们就死去了,第二天一早又有新的一代诞生。"

这样吧,万物常常都是转瞬即逝的。植物和昆虫一个夏天就可以结束一次轮回,其他的动物和人类也会在若干年内结束自己的一次轮回。死亡始终在不知疲倦地进行破坏,但是即便如此,万物还是毫发无损,始终不灭地存在于各个不同的场合里。一片绿油油的草地,百花齐放,昆虫嗡嗡作响,其他的动物和人类也是生机勃勃。还有那许久未结果实的樱桃,到了夏天也会有鲜红的果实出现在我们面前。有一些民族常常在变换自己的名字,但它的本质还是延续着,不但这样好难过,历史常常在叙述不同的故事,但仔细想想,那些行动和苦恼都是一样的。总之,历史就好比是万花筒,每一次的回转都会看到不同的图案,实际上我们看的不过是相同的事物。所以,万物的生生灭灭是不影响本质的,和生物本质的延续是毫无瓜葛的,本质是不灭的。生存和其他的一切欲望,总在现实中不断涌现,从蚊子到大象,所有的动物,只要我们愿意抽取一段时间来观察的话,它们基本都保持恒定的数量,即便已经有了几百年的更迭,它们已经不知道之前和之后的同类是什么样的了,但是出现在我们眼前的永远是这些动物。

不会减少的就是种族的数量,相同地,个体也会因为感到自己是这个种族里的同一类而快乐地生存。在无尽的现在当中总会有求生的意志出现,这是种族生命存在的形式。种族是不会衰老的。死亡的种族不过像是个体的睡眠,或是眨眼的一瞬。印度的诸神化为人身的时候,便已察觉其中的奥秘。

夜晚似乎整个世界都消失了,但其实它一刻都没有停止过。同样地,人类和动物看起来似乎是以死亡来结束的,但真正的本质还在不断地延续当中。生与死,快速交替,而只有意志是永远的客观化的,因为它是本质不变的理念,和那出现在瀑布上的彩虹一样,是永恒不动的。这是时间的不朽。于是,死亡在经过数千年之后,当一切都经过死亡以后,就只有内在的本质没有发生任何变化。因此我们经常说道:"不管海枯石烂,我们永不分离。"

139 "永远的现在"

这个游戏是不能让那些说着"此生不虚度"的人参与的。为什么如此,这里就不准备详述了。只想提醒读者这么一件事,出生和死亡的痛苦,本身都是求生意志走向客观化,并通往生存所必须的条件。只有存在了这两个条件,我们的本质才会在时间的流逝中保持不变,真正存在于"现在",享受求生意识的真实果实。

"现在"的基础,无论是内容还是材料,无论在什么时间点,本质都是相同的。之所以我们没有认清这种同一性,只不过是我们的智慧叫时间给限制了,让我们一时对未来产生了不该有的错觉。真正到了未来,才会发觉自己原来有这样的错觉。我们智慧的本质形式产生这方面的错觉的原因在于它只要理解动机,不需要理解事物的本质。

归纳一下上面说的这些,大家是不是已经可以理解伊利亚学派所提出的："无所谓生死,什么都不曾改变。"这句话的真正含义了呢?巴门尼底斯和梅利索斯他们否定了生死,主要就是因为他们相信万物是不会改变的。同时,普鲁塔克还保存了不少恩匹多克里斯的美妙语句,他很明确地提到了这个现象:"认为时间万物是由生到灭,最终归于零的人,都是欠缺思考的愚者。真正的贤者是不会把我们短暂的生存期间称之为生命的,他不会为各种善恶所烦恼,更不会认为在我们出生之前和死亡以后是什么都没有的。"

此外,狄德罗在《宿命论者杰克》一书中,也有一段常常被人忽视的文字,放在这里就很有价值了:"一座广大的城堡入口处写着:'我不属于任何人,而属于全世界,你在进入这里之前,在这里之际,离开此地之后,都在我的怀抱中。'"

显然,人们通过生殖"凭空"而来,就姑且当死亡以后化为乌有吧。要是能真正体会这种虚无,也算是饶有兴趣的了。这种所谓的经验上的"无"绝非绝对的无,也就是说,只要稍稍有点洞察力,就会理解,这个无不是在所有情况下都是无,不是真正意义上的一无所有。或者,经验中也可以看出,孩子身上聚集了父母的性质,这本身就战胜了死亡。

不曾停止的时间洪流夺取了它全部的内容,但是留存于现实中的永远都是那永恒不变的东西。倘若我们能以一个纯客观的态度来观察生命的行进的话,就可以很清楚地看到,在时间的车轮中心,有个"永恒的现在"。若是有人可与天同寿,看到人类的发展的全盘过程的话,他就会发现出生和死亡不过像是钟摆一样的摆动,互相交替,新的个体不是从"无"中产生,而消失于"无"。种族就是实实在在的东西,和我们眼中所看到的火花在轮中迅速旋转是一样的意思,出生和死亡都只不过是它的一次又一次的摆动罢了。

140 认同经验便是否定本质不灭

通常大家否定本质不灭的真理的理由来自于经验,来自于偏见,这些都会妨碍人们认识到真理不灭的本质。因此,我们要撇掉偏见,遵循自然的指引,听从真理的声音。先去观察幼小的动物,去认识那不会衰老的物种是如何生存的,不论是什么个体青春总是短暂的,但对于整个种族来说,它永远都是年轻的,永远新鲜,让你感觉整个世界仿佛是今天刚刚诞生一般。想想今年初开的蓓蕾和创世纪那年的蓓蕾有什么不同呢?要去相信这个世界已经经历过了数百万次的从"无"到有,还有相同次数的绝对性毁灭,这是同一个因素造成的吗?要是我可以郑重其事地断言,现在在庭院里玩耍的小猫,和三百年前在庭院里玩耍的小猫,是相同的一只,一定有人觉得我是个疯子,那么坚信这一点的人就更是个疯子了。但是各位可以好好想想,任何一种高等脊椎动物,它们种族的永恒性何尝不是表现在个体的有限中呢?只有个体,种族这个集合名词才会真正有意义。在某种意义上,时空当中个体的存在是真实的,但这种实在是依附在理念上的,只有它才能成为事物不变的形式,个别的存在不过是为了显示这种实在性罢了。柏拉图对这个道理就很明了,因此在他的哲学理论里,理念是他的根本思想,是一切哲学的中心。要理解这一点,必须首先具备一定的哲学能力才行。

瀑布、闪电,这些快速变化的事物,而那横亘在瀑布上的彩虹确实岿然不动。同样地,一切的理念,一切动物的种族,是可以无视个体的不断变化的。求生的意志原本就应该扎根于此,因此,对于意志来说,重要的是种族或是理念的不变和持续,至于生物个体的生生死死都不必在意,只要那横亘在飞瀑上的彩虹还在。柏拉图已经看出,理念才是唯一的存在,个体是在不断地变化当中的。不管是动物还是人类,只要深深意识到本质的不灭,就能心平气和地面对随时都可以到来的毁灭或是死亡,而让自己的生命不受到死亡的影响。人们是不会因为某个教条而改变自己的想法的。如上文提到的那样,无论是哪一种动物都蕴藏着很神秘、很强大的力量。试着去观察一下自己养的狗,它们是如此欣欣向荣,生机勃勃啊!这狗的前世,经历过多少只狗的死亡,但是这些狗的死亡没有影响到狗的理念。因此狗并不知道末日何时到来,它依旧很生动地活着,两眼散发出不灭的真理,也是原型的光辉。究竟数千年来,死掉的是什么呢?死掉的不是狗的理念,而是它的影子,被时间所束缚的,出现在我们眼中的影像而已。可是我们要如何相信,原本总是生存着的事物怎么会消失呢?当然从经验的角度来说,死亡若是个体的行为的话,那么一个新繁殖出来的个体很快就会取而代之了。

141 物的自体

康德在他的主观见解中,提到时间是先于我们的理解形成的,因此它不属于物的自体。其实这种说法带有一定的消极意味,但是它确实是个伟大的真理。现在,我总是想再用客观的方法去寻求它积极的一面。物的自体和时间一结合的话,显示出来的东西就无关生死了。再有,时间的生灭如果没有一个永恒的核心的话,也就无从周而复始了。永恒已经超越了时间的存在,是不以任何直观为基础的一个概念。普罗蒂诺就说过:"时间是永恒的复制品。"这说明时间永远都是在复制永恒。同理,我们的存在也是永恒的复制。由于时间是我们认识的一种重要形式,因此这个本质是存在于永恒之中的,而也因为这个形式,我们才明白自己的本质和其他的一切事物都是无常的,有限的。

物的自体的意志,最充分的客观化表现就是各个阶段的理念了(柏拉图)。不过,这诸多的理念,只在特别优惠的条件下才会出现(即至高无上的智慧的关照下)。而在对个体的认识中,理念的表现形式是种族。理念在时间的洪流中会转变成对各种种族的关照。显然,种族是物的自体的意志最典型的客观化表现。所有的动物和人类的本质都存在于种族之中。求生意志的活动根源也存在于此,而不在个体之内。直接的意志就存在于个体内部了,所以个体才会认为和种族相排斥。因为这个,我们才去恐惧死亡。求生意志所表达的是个体对死亡的恐惧。同时,造化关心的是种族的维持,而对个体的幻灭表示冷淡。对造化来说,个体是手段,种族才是目的。因此,造化只是在尽力去照顾个体的恩赐。

再有,个体的生存太过短暂,还呈现了众多的被动。于是,造化为了节约,总是加诸于种族。我们来举几个例子,比如树木、鱼虾等等,一年产生的个体可能高达数百万个,这其中很多的自身器官或是力量都不甚完善,只有在不断地努力之后,才能勉强维持生存。所以总有一些动物会衰老,最终死亡。如果缺少一个器官的场合会是如何呢?要是可以节约的话,有的会变态,有的这些器官会避免掉,就比如有些幼虫没有眼睛就是这个道理。这些可怜的动物在树叶中摸索,在触到某事物时四分之三的身体是荡在空中的。

总之这就是自然的节约法则。我们可以在"大自然从不制造任何无价值的东西"的语句下,再加上一句:"大自然也是不浪费东西的。"与之相同的自然倾向,还有个体年龄越适合繁殖,他的自然治愈力就越强,越容易康复,慢慢地随着繁殖力的减弱,康复力也就减弱了。所以在自然的眼中看来,此时的个体已经毫无用处了。

142　主观和客观组合的不灭本质

回顾一下从水蛭到人类各个阶段的生物,以及他们的意识等级。我们就会发现在这个可怕的金字塔里,个体在不断地消亡,但是由于繁衍的维系,在无限的时间内,种族可以保持不变。因此前面说过的,虽然客观的种族可以不变,但就主观来说,不过是生物的自我意志罢了。何况它们的生存时间太过短暂,还不断遭遇各种破坏,每每此时,它们往往不可解,于是就在无中生有,产生新的个体。

归根结底,所有客观的东西不外乎就是主观不灭的表现。前者是借由后者存在的,否则将是一无所有。这里面的道理已经很清楚了,客观性必须在主观性的表现中才会存在,主观是本质,而客观不过是现象而已。这样的秩序是不能被颠倒的。所有事物的根源都是为了事物本身,必须存在于主观当中。所以,哲学的出发点,就是本质的、必然的、主观的东西。要是从客观性的事物出发的话,那就是唯物论了。

我们常常会有这样的感觉,所有实实在在的根源就在我们的内部。换句话说,每个人都有本质不灭的意识,这种不因死亡而消亡的信念,可以从人们在临死前的良心自责中证明,任何人的心灵深处都具备这样的意识。这信念是建立在我们的根源性和永恒性的基础之上的。斯宾诺莎说过:"我们能感觉到我们是永恒的。"总之,但凡有理性的人,是会了解到自己是不灭的,只要他还认同自身是起源,可以超越时间去思索。如果认为自己是从无当中产生的,那势必就会觉得死亡还会把自己送回无当中去。

有这么几句古代的格言可以用来作为生物不灭的依据:"万物并不是从无中所产生,同时,也不是复归于乌有。"瑞士科学家巴拉赛斯就说过这么一句话:"我们的灵魂由某物产生,所以是不会归为乌有的。"他已经在隐隐约约中指出了真实的依据。对于那些认定自己是起源是绝对的起点的人来说,绝不会觉得死亡就是人的重点,于是两者的意味颇为相似。所以说,认为自己非出生的人,才会认定自己不灭。所谓出生,本质上来说,和死亡差不多,都是一条直线沿着不同方向延伸出去的。前者如果是真正的无发生的,那么后者也就是真正的灭亡。事实上,我们的本质是唯一不灭的,我们可以这么说就因为它真的是不灭的,这种不灭和时间是没有关系的。如果假设人类是从无中产生的,那么死就必须是他们的终结。这一观点和旧约中理论是吻合的,但和不灭论却是背道而驰。新约中也有不灭论,但它的精神还是来自于印度的,或许和它的起源来自印度或是以埃及为媒介有关系。但新约中那种印度的智慧,衔接上迦南之地的犹太支干,就和不灭说有些矛盾了。这和意志自由论与意志决定论的矛盾有些相似。

不是根本的独创性的事物,就好比不是同一块木料做成的家具,它或多或少都有些别扭。反倒是婆罗门教或是佛教的论断和不灭说前后衔接得很好。他们认为,死后是在延续生前的生存,生物总是在偿还前世的罪孽而存在的。哥鲁·布尔克的《印度哲学史》中的一节写道:昆耶婆虽认为婆伽罗派的一部分稍显异端,但他还是强调要反对这样的观点——灵魂是产生出来的。如果有开始,那就不可能是永恒的了。乌布哈姆在《佛教教义》中也有以下的叙述:"堕于地狱者,是受最重惩罚的人,因为他们不信任佛陀的证言。而皈依'一切生物始于母胎,而止于死亡'的异端教义。"

143 无出生必然无终结

解释自己的生存时,把这当成偶然现象的人,就会对死亡或是丧失生存权利感到恐惧不已。相反,那些可以洞察真理的人,已经了解种族的中心存在根源必然性的人,就会相信我们的生存是不会局限在这短短的一刹那的。我们可以想想我们存在的过去,经过漫长的时间,经过无数次变化,不得不说,实际上我们是存在于所有的时间当中,即过去、现在和未来。要是时间可以指引我们的存在走向灭亡,那我们早已经不存在了。事实上,这种存在是一种固有的本质,它是不灭的,不受破坏的。就像是阳光,尽管在夜晚消失,但当黑夜过去,它还会复现。它是永恒的,不可能消亡。基督教教导人们"万物复归",印度人相信梵天不断在创造世界,还有希腊人也有相似的说法。这些都说明了存在和非存在之间存在着巨大的秘密,它在客观中构成了无限的时间,但在主观上却只有一个点,物是怎样都分割不了的现在。康德的不灭说就说得很明白了,时间是观念的,无的自体才是唯一的实在。有谁能清楚这其中的道理呢?

只要我们站在更高的立场上,就知道所谓的出生根本不是我们生存的开始,我们也会因此有这样的信念,死亡肯定破坏不了某种事物。但那一定不是个体,个体只表现了种族的差异,它是个有限的东西。个体是无法复制生前的记忆的,对于死后也无法带走今生的记忆。但是人的自我还保留着,它虽然常常和个体结合,有各种欲望希望自己可以生存永远,一旦个体消失,就会意气消沉。因此,要求死后无限延续的人恐怕只能牺牲生前的过去了,还有希望获得。在他的意识中,意识和出生是同时获得的,他是从乌有开始获得生存的。这样一来,他生前那无限的时间都用来换取他那无限的生存了。我们必须要把意识的生存当作另外一回事,才可以不去介意死亡的问题。

　　我们的本质可以分成两个部分:"认识"和"意欲",也就是说了解我实际上是个很暧昧的词汇。有人认为死亡是我的完全终结,也有人相对乐观,只觉得我是这无限世界里的一个小点,我的个体不过是我真正本质的一个部分而已。细细探究,就会明白,我实际上是意识中的一个死角,正如我们的眼睛是看得到他人,却看不到自己一样。产生认识力的脑髓也是这样,因此我们当然认识力都是往外的,这样做的目的在于保护自己。所以人们熟知的只是外在的直观个体而已。要是他可以透彻地了解的话,他就会不屑这副皮囊,甚至会舍弃掉自己的个体,"就算是丧失了这个体又与我何干,我的本质是会产生千千万万个我的"。

　　退一步说,如果个体可以延续的话,人们应该也会因此感到无比单调和乏味。为了避免这样的情况出现,兴许会有人希望尽快化为乌有。试想,一切人类在不论任何情况下都得不到幸福的话, 那么免除了痛苦的话,就会陷入极度的无聊当中。如果要避免无聊的话,那就一定会有痛苦,总之,二者是交替出现的。所以人们仅仅处在"更好的世界"是不够的,除非自己对自身作出调整，把自己置于另一个世界里，而在这个世界里，人的本质是不会发生变化的。

客观物要依赖于主观物，也要以此为结束的基础。"生命之梦"以人体器官为组织，以智慧为形式，一点点编织，等到全体人的组织消失了，梦就醒了。真正做梦醒来以后人还是存在的，担心死亡会带来终止的人，就好像不做梦的人有人强迫他做梦一样。个人意志因为死亡而终止的话，那又是什么勾起了他对永恒生命的热爱呢？他所追求的到底是什么？详细分析一下人类意识活动的全部内容，就会知道，那不外乎是对世界的怜悯和自我的执著罢了，他的目的只是为了追求不虚度此生而已。古人常常在死者的墓碑上刻下"不愧此生"的字样，其实是包含了无比深刻的意义的。

144 轮回之说

众所周知，佛教和婆罗门教的教义中心就是"轮回"。说到轮回，它的起源是非常古老的，大概除了犹太教及其两个分支以外，有不少人都相信轮回，且几乎所有的宗教都有轮回之说。基督教主张，人们在赎回自己的完全人格以后，就可以在认识的另一个世界里相会。而其他宗教则认为现世就会有这样的行为进行，只不过是我们看不到而已。凭借轮回和再生的循环，来生我们还可以与自己的亲友和朋友共同生活，不论是伙伴还是敌人，来生我们都会和他们有相似的情感和关系。当然到了那个时候，这种认识是模糊的预感,不是清晰的意识。

关于轮回的信仰,其实是伴着人类自然的信仰一起产生的,它几乎深深地植根于一般民众和贤人的脑海中。大多数亚洲人自然都是信仰轮回之说,埃及和希腊人也不例外。曾经有希腊哲学家就说过:"一般希腊人都相信灵魂不灭,但是是灵魂从一个人身上转移到另一个人身上。"还有北欧、印第安、黑人和澳大利亚,这种信仰都有迹可循。……毕达哥拉斯和柏拉图等大哲学家甚至还把它纳入自己的哲学体系当中。里希田堡在《自传》中也提到:"我始终丢不开'我在出生前即已有过死亡'的思想。"休姆在《灵魂不灭论》也特别强调:"在这种学说中,轮回是哲学唯一值得倾听的东西。"大概只有犹太教和它的两个分支对轮回持不同意见。它们认为人类是从无中来的。尽管它们用自己的火和剑,赶走了欧洲和亚洲很多地方的古老信仰,但是它能维持多长时间呢?我们实在很难从宗教的发展历史上来推断它们的命运。

145 幸福的分类

亚里士多德把幸福分成三类,分别是外界得到的幸福、心灵得到的幸福和肉体得到的幸福。这么分类并没有什么特别的寓意在。就我的观察,我觉得应该根据命运的不同点,可以分为以下三类:

1.什么是人。从广义的人格意义来说,人就是人格,还涵盖了健康、精力、美、个性等等多方面。

2.人有什么。人可以拥有财富和其他可以占有的事物。

3.怎样面对他人的评价。他人把你看成什么样子，或者更严格地说就是他人对你的看法如何。他人对你的评价，可以看出自己的名誉、名声和身份。

那些生在显赫家庭的或是具有特殊身份的人，即便是生在帝王之家，和那些心灵伟大的人一比较，也不过是一时的称王称帝罢了，因为那些内心强大的人对他的心灵来说，他永远都是王。希腊哲学家伊壁鸠鲁最早的一个弟子麦官多鲁斯就曾经说过："我们内心得来的快乐大大超过了外界得来的快乐。生命中幸福的关键因素，只在于我们内心性质是什么，这是每个人都可以体验到的。人的内在是我们心灵感到满足的直接源泉。之所以有那么多的感性、欲望或是思想让我们不满足，也在于我们内在的性质。从另一个层面来说，环境对我们的影响都是外在的，间接的，可以发现外界的影响对每个不同的人来说都是不同的。即便是相同的环境，因为每个人的心灵适应环境的程度不一，每个人也都是生活在自己的心灵当中。

人能够直接领悟到的只有自己的观念、感受和意欲。而外在世界能影响个人的也就是促使我们领悟到这些，它的影响就在于让我们去选择一种方式去看待我们所生活的这个世界。就因为这个，即便在同一个世界里，人的兴趣也是迥异的。有人觉得枯燥不已，也有人觉得生意盎然。人人都想经历一些别人说到的那些饶有兴趣的事情，此时他们完全忘了这些事情是会招来嫉妒的，在描述的时候，自己的内心也容易遗落在那些所谓的浮躁的意义当中。对天才来说，有些事情是具有巨大意义的冒险，但这些事情对于凡夫俗子来说可能是极其乏味的。歌德和拜伦的诗句中，就有不少是化腐朽为神奇的东西。一般的读者读了以后，就开始嫉妒诗人的经历。他们都忘了诗人其实是具备丰富想象力的人，他们是善于把平凡变成不平凡且美丽的人。

146 一种态度

　　同样,乐观的人看到某个场景的时候,会觉得那是个让人发笑的冲突,而悲观的人就会将其视为悲剧,恬淡的人看来就一点意义都没有。所有的结果都要依赖一种事实,那就是如何去了解和欣赏一个世间的态度,这其中包含了主观和客观两方面的因素。当主体和客体密切联系在一起的时候,就好比是水中的氢和氧完美地融合在一起一样。任何一种经验中的客观因素都一样,但是主观对它的欣赏却是因人而异,所以才会每个人的观点都不一样。愚者总是认为世间的美好微不足道,好比是在阴霾的天气里看到绚烂的风景,一点都不值得留恋一般。说得更清楚一点就是,每个人在自己的意识的限制之下,是无法超出去变成另外一个人的。在这期间,外界的帮助是毫无作用的。

　　在同一方舞台上,有的人扮演的是帝王,有的人是将军,有的人是士兵或是其他身份的人。他们的不同就在于外在包装的不同,各个角色的内在核心还是相同的。都是可怜的演员,都对自己的命运充满担忧。人类的生命也是这么种情况。每个人纷纷扮演不同的角色,因为地位和财富的不同被分成不同的类别,但不代表大家所享受到的快乐就有什么本质的区别。其实大家都是集困厄于一身的可怜之身,只是所展示的内容有所区别而已,其实生命的基本形式和本质都是一样的。每个人的生命强度纵然有不同,这不过是为了适应每个不同的角色而已。但是事物的存在和发生都只存在于意识之中，而且必须为了意识而存在，所以说，人的意识是人最重要的事物。大多数情况下，意识的重要性已经超过了它所存在的外在环境。愚钝的虫子的心灵是无法体验到世间的骄傲和快乐，那是无法和塞万提斯描写的堂吉诃德的想象相提并论。事实上，生命存在的客观有一半是存在于命运之中的，表现为各种不同的表现形式，另外主观的那一半就属于我们自身。生命始终都是这样的。

147　相似的生命构成

就算外在的环境如何变化，每个人的生命都有一部分是相同的。就好比，生命是同一个命题上的不同发挥一样，人是超不出自己的个性的。动物也是如此，就算环境幻化，它也总是局限在自己的那个不可更改的性质当中。我们总是努力让自己快乐，那就必须是在自己局限的那个范围之内，谁都是这样的吧？我们的个性已经事先规定了我们可能获得的快乐。人的心性更是如此，它决定了我们是否能获得更高生命的精神价值。心性不高的人，若是没有外在的努力，就无法把自己提升到一般的幸福和快乐之上。即使人是有动物性的，但是心性高的人是可以提升自己的。心性不高的人唯一能获得的幸福就来自于感官，就是类似舒适的家庭生活，或是和低级的伴侣一起消磨时间等等。教育也无法增加他的精神价值。我们在年轻的时候无法体会到人还有最高的, 永恒的快乐。要知道, 心灵的快乐是要依靠我们心灵的能力。显而易见, 我们的幸福大半都在依赖我们的本性和个性。就这一点来说, 我们是可以促进我们的命运的, 可是我们的生命如果可以富有的话, 也就不会再有奢求。愚钝的人一生都将是愚钝的人, 即便在乐园被美女包围, 也改变不了他愚人的命运。

148 主体因素的幸福超越一切幸福

普遍的经验证明了生命主体因素的重要性。在所有的幸福当中, 人的健康已经超过了所有的幸福。因此可以说, 一个健康的乞丐远比一个疾病缠身的国王来得幸福。平静愉悦的气质和健康的体魄, 这不是身份和财富所能替代的。人最重要的还是他自己, 当独处的时候, 才是自己陪伴自己的时候, 没有人会夺走这些美好, 只有自己独享。而这些比他人是怎么看我们的要重要很多很多。一个有健全理智的人, 在独处的时候就会游弋在自己的遐想中, 其乐无穷。世俗的快乐并不能让愚人忘却自己的烦恼。一个性格温文尔雅的人, 就算周边的环境怎样恶劣贫乏, 也能怡然自得。拥有高度理智的人, 看到别人所追求的快乐, 他会不屑一顾, 在他看来那只会给他增加不少负担。苏格拉底看见奢侈品贩卖的时候, 他不禁说道, 在这个世界上我不需要的东西太多了!

可以想象一下, 一个大力士被迫去做一份精细的手工活, 或是其他需要耗费心力的工作,可是恰巧他就缺乏这方面的能力。这样的人生是不会快乐的。但更不幸的还在于那些具有很高理智的人,却未在自己的工作中发挥自己的理智作用,而是从事一种体力劳动。我们要注意,尤其是在青年时期,要避免做一些自己不胜任的工作。

149 财富与人生

伊壁鸠鲁把人类的需求分为三类,这位伟大的哲人所做的分类是很科学的:第一类自然需求,例如食物和衣着,如果这些需求未满足的话,人们就会感到痛苦。第二类是自然的却不是必需的需求,例如一些感官上的需求。我必须在这里多说一句,根据狄奥简尼·欣雨促斯的记述,伊壁鸠鲁没有说明是哪几种感官。这一类的需求比较难以满足。第三类则是既非自然,又非必需的需求,就像是对奢侈、挥霍等等的渴望,它就像是个无底深渊,极难满足。

不太可能去用理性去控制对财富的欲望,这确实是一件很难的事情。我们是无法给人对财富的欲望给出一个具体的量,这种量总是一个相对的概念,就像是意志在他的所求和所得之间总是维持一个相对的平衡。若是用他得到的来衡量他的幸福,而不是根据他所希望的量来衡量,这是行之无效的做法。人们对他们不期望的东西不会有失落感,他们依旧可以快乐,但是还有些人尽管有了大量的财富,仍旧不满足。在他所及的范围中他总是希望一切都属于他自己,这样他才会感到快乐,但是一旦他得不到,他就很苦恼。其实,人人都应该在获得他能够获得的财富之后就不再去奢求,不要去羡慕富人家的万贯家财。财富就像是海水,喝得越多,越是口渴,名利也是如此。失去财富的第一次固然会让人感觉疼痛,但是人的本质是不会因此而改变。当厄运降临时,权力的减少也是一件让人很痛苦的事情,但是一旦去做了,就会减少不少痛苦,反之好运的到来就会让我们感到无限的快乐,可是这种快乐是不会长久的,只要这种权利的扩张一旦结束,快乐也就消失了。

我们要是可以考虑到人类的需求是如此的庞大,且人类的生命就是建立在如此庞大的需求之上,我们就不会惊讶为何财富总是比任何一样东西尊重,我们也不会奇怪为什么总有人把谋利放在第一位,而抛弃哲学了。人们常常为了谋求金钱而放弃其他的一切,这是常见的,且不可避免的事情。就仿佛是多变且永不疲劳的海神一样,总是在寻求不同的食物,便于满足自己无限的欲望。其实每一件事情都可以成为满足需求的事物,但是一个事物只能满足一个需求,食物只能满足饥饿的需求,药只能满足治病的需求等等。这一切的一切的满足都是相对的,只有钱给予的满足是绝对的。因为钱满足的需求不是特殊的,不是个体的,而是可以抽象地满足很多需求。

150　正确对待遗产

我还是劝劝各位，请妥善保管自己所继承的财富，我希望这是个有价值的劝说。一大笔钱可以让一个人不用工作就可以过上好的生活，即使这笔钱只够一个人用，而不是一家人用，也算是捡到了一个大便宜。这笔钱可以帮助人们去赶走纠缠在自己身上的穷困，几乎可以让人们从强迫的劳役中解脱出来。只有那些命好的人才可以活得自由，成为自己所处的时代的主人，才会在每个清晨到来的时候说："这一天是我的。"

继承的遗产要是由那些心智高的人获得，那这笔财富就可以最大限度地发挥它的价值，这些人在获得财富后，就好比是获得了上天双倍的赐予一般，可以更好地发挥自己的聪明才智，完成众多他人无法完成的工作，给全人类都带来更多的荣耀。他以几文钱的价值换来了数百倍于它的报答。还有一种人会用这些财富去办慈善事业救济同胞。若是他对这以上提到的事业都不感兴趣的话，那他可以专心去研究一门学问，以便促进这门科学的发展。这种人不能生活在富有的环境中，那样一来他们会渐渐地变得愚钝，为他人所不齿。那样的话，他也不会感到幸福，因为金钱虽说让他免于困难，但是却把他带到了另一个痛苦的世界里，他感到烦闷。正因为烦闷他便倾向于消费，最终他会去占一些不属于他的便宜。无数的人在获得财富之后，就用财富来换得片刻的自由，以求不受烦闷的困扰，但到最后却发现自己又陷入贫困了。

另一方面,那些有足够财富足以过活的人,一般都保持着一颗独立的心。他不会表现出奴颜婢膝的模样。他会考虑让自己去追求一些才情的东西,虽说他内心很明白这东西不是凡人谄媚的对手。慢慢地他们就看清了位高权重者的真实面目,原来是高处不胜寒啊!这种人也没有得到得世之道,他们会败在伏尔泰的那句话下:"生命短促如蜉蝣,将短短的一生去奉承些卑鄙的恶棍是多么不值啊!"开始要知道,这世界还有多少这卑鄙的恶棍啊!就像米凡诺说的那句话:"如果你的贫穷大过才气,你是很难有成就的。"这段话可以适用在艺术和文学界中,但却绝不适用在政治圈及社会的野心上。

注 释

①良知译自 Bon Sens，它有两重含义：一指分辨真伪的天性，一指智慧。此处指的是辨别真伪的天性，故译为良知。知(Sens)是指理性，在知之前加一个良字(Bon)，表示正确，该词的意思即正确判断的能力。这和笛卡尔在别的地方所说的自然之光(Lumiere naturelle)意思大致相同。善用良知之人，即成为智慧者，而智慧是极致的良知，因此它包含在良知中，也就包含了智慧。

② 这是笛卡尔给良知下的定义。

③ 笛卡尔笔下的"精神"有下列含义：一是和物质对立的精神，即为思想。"严格地说，我是思想之物，就是说精神，悟性，或理性。"第二个指的是记忆和想象的智能，它不同于理智，外延比理智更为宽泛。笛卡尔在这里说到的大多数都是这个含义。第三种指的是纯粹的精神体，和士林哲学说的灵魂对立，因为后者还包含了动物和植物的生命，而精神则不包含这个部分。

④ 这里是笛卡尔为精神所下的定义。

⑤ 在笛卡尔笔下的哲学家指的是士林哲学派。

⑥ 形式就是本质的形式，是构成本质的理由，而本性则值指的一切行为的准则。

⑦ 这里所说的成就，指的是几何上的成就。

⑧ 这里指的是没有神协助的人。

⑨ 当时的普通教育是 9 年制,6 年的人文教育和 3 年的哲学,笛卡尔在那大概呆了 8 年半。

⑩ 这里指的是拉丁文和希腊文。

⑪ 惟妙惟肖,是指通过辩论来推出最后的结论。所谓的似是而非,或是证明推理而得出的结论,是和真正的真理相对立的。

⑫ 这里指的是士林哲学。

⑬ 形而上的,指的是抽象的,不可理解的。

⑭ 与一般人所做的事情有很大差异。

⑮ "暂时的伦理规则"中提到的第二规则。

⑯ "在我的想象中",足以见得笛卡尔的疑惑是故意的。他先怀疑确实很值得怀疑的东西,然后再拓展到不值得怀疑的东西身上,这是对万物的怀疑方法。

⑰ 在方法导论中,笛卡尔的疑惑涉及整个思想范围,以后由于 Gassendi 的反驳,他才认为在纯观念中,不能有错误的余地,M.L. Levy-Bruhl 说得好,"疑惑的范围,包括一切肯定有物在我们思想之外的命运,所以它无关物的本质,而只关系物的存在"。

⑱ "我思故我在"拉丁译文为 Ego cogito, ergo sum sive cxisto, 而实际上法文的 Je pense 原是拉丁文 Cogito 一字的翻译,这一词的正式译法,法文当为 Moi, qui je pense, je Suis, 就是说,我要想一切皆为虚伪,但是只有我不能是虚伪,因为是我想这一切,所以,"至于我,我思想,我存在"。笛卡尔所说的思想,是一切直接意识到的行为,不是推论,而是意志、理智、想象、感官的行为,皆能为思想。

⑲ 哲学史上,早已有人以思想存在的明显事实,攻击绝对的怀疑论

者,如圣奥斯定证明思想主体之存在时说:"我们存在,我们亦知道我们存在……如果你错了,那么怎样?如果我错,我存在,因为凡不存在者,亦不能错,因此如果我错,故此我存在。但是如果我错,故我存在,如果知道我存在是错的呢?既然如果我错,我存在是一定的,由于虽然我错了,我存在才能错,无疑地,知道我错,故此我存在。但是如果我错,故我存在,如果知道我存在是错的呢?既然如果我错,我存在是一定的,由于虽然我错了,我存在才能错,无疑地,知道我存在,我没有错。"(De Civitate Dei L XI Ch.26)圣奥斯定在别处又说:"即使一人疑惑,他活着;如果疑惑他所疑惑,他记忆;如果他疑惑,他知道自己疑惑;如果他疑惑,他要确实知道;如果他疑惑,他思想;如果他疑惑,他知道自己不知道;如果他疑惑,断定自己不应当贸然同意。任何人可以有什么疑惑,但这一切不应当疑惑,如果这些不存在,不能疑惑任何事。"(De Trinitate I.X Ch.10,n.14)苏格拉底亦早已说了:"我知道一事,就是我什么也不知道。"但笛卡尔是否受他们影响?影响到什么程度?十分难说,大家认为笛卡尔的疑惑和他人的不同,因为他的疑惑思想是全部哲学和物理的唯一原则,不过自圣奥斯定以后的传统习惯,保存了灵魂的自明性,用以攻击怀疑论,证明灵魂是精神体。

⑳ 笛卡尔视"我思"犹如阿基米德所寻求的力点,用以举起地球,"我思"为全部哲学和物理的第一原则,我疑惑肯定我存在。但我疑惑,故我不完美。我不完美,则当有一完美存在,不然我不会有的,所谓我思是第一原则,它是最显明的,M.Levy-Bruhl 说得好:"我思在程序上,为第一存在原理,就是说其他的来得较晚,笛卡尔没有将它当做别的真理的可能性条件,只是将它做成其他一切存在判断条件。"

㉑ 唯心主义者将这话解释为如果我没有思想,则宇宙不存在,所以思想是宇宙存在的前提条件。由上面注释就知道笛卡尔的意思是,宇宙的存

在与否,不为我存在的条件。因为我疑惑宇宙的存在并不影响我思想的存在。这就证明了我的存在是一个思想的实体,不隶属于宇宙的存在。

㉒ 笛卡尔给实体所下的定义,就是一切有真实观念的属性的直接主体。这样一来,思想是一切特殊思想的实体了。但是你要认识实体,就一定是通过它的属性。实体为思想的主体,和思想是不是有区别?笛卡尔认为人们只能借思想去认识思想的主体。只不过这主体本身就是思想,所以思想的实体和思想,只是逻辑上的分别,不是实物上的分别。这思想的主体称为Mens(心),可译为思想,笛卡尔称为 Esprit(精神)。所以笛卡尔的思想实体,等同于思想现实主义,"思想为一实体,它的本质或本性只是思想而已。"我思所抓住的,是思想的存在,思想的现实性,至于笛卡尔的实体和士林哲学的实体关系,L.Levy-Bruhl 在其 Descartes 中提出下列几点:一、一切属性,是实体的属性,彼此有分别,本质之认识是借属性,对属性认识越多,则对本质认识越彻底。二、笛卡尔离开传统的士林哲学,在肯定了每一实体有不可分离的属性之后,认为每一实体有本质的属性。这些属性,就是该本质的属性,因此认识属性,就是认识本质。

㉓ 所谓本质和本性,笛卡尔表达的都是一个意思。

㉔ 笛卡尔强调灵位的存在是不需要空间的,它是独立的,他称实体为存在,只需要自己。

㉕ 这说明灵魂和肉体有区别,灵魂可以控制自己的思想,而不需要肉身的参与。

㉖ 我是思想,是灵魂,这灵魂一词,拉丁文为 Mens,而不是 Anima,法文为 Ame。笛卡尔认为拉丁文的 Anima 包括植物、动物的生命,而 Mens 只是思想生活。

㉗ 笛卡尔在此证明了有一和肉身完全不同的灵魂存在,但是否也证明

了灵魂和肉身真的是完全不同?似乎在本导论中,笛卡尔不曾疑惑。

㉘ 我们的感觉知识,能有两种真实的根据,一是感觉知识告知我们,它们自身存在,我们不能说事物实在如我们所感觉的一般,而只说我们感觉到它们如此如此,这样就不犯错误。第二个是感觉知识教导我们,事物与我们的关系是有益的或是有害的。在这点上,笛卡尔认为感官的证据是值得我们信任的。

㉙ 意大利新士林哲学派的代表,糜烂圣心大学创办人之一,著有《笛卡尔哲学》等著作。

㉚ 意大利现实观念主义学者,著有《笛卡尔哲学思想》。

㉛ "就我所知,在我之前,没有人说心灵只此一事而已,即思想的官能和内在的原则",又"我是第一个认为思想为非物质实体的主要属性,扩展为物质实体的主要属性,但我没有说过这些属性是附在实体上,犹如附在主体上,而和他们有所分别者,在此我们要留心将属性一词当做不多不少的模式。"

㉜ 该段落出自 1941 年 8 月寄给 Eodegeest 的信件。

㉝ 该段出自于 1642 年 1 月 19 日寄给 Cibieuf 的信件。

㉞ 该段出自于 1648 年 6 月 4 日寄给亚诸特的信件。